빛의 속도를 측정한 과학자들

PIONEERS OF SCIENCE

빛의 속도를 측정한 과학자들

초판 발행 2026년 4월 28일

지은이 | 올리버 로지
옮긴이 | 권혁
발행인 | 권오현

펴낸곳 | 돋을새김
주소 | 경기도 고양시 일산동구 하늘마을로 57-9 301호 (중산동, K시티빌딩)
전화 | 031-977-1854 팩스 | 031-976-1856
홈페이지 | http://blog.naver.com/doduls 전자우편 | doduls@naver.com
등록 | 1997.12.15. 제300-1997-140호
인쇄 | 금강인쇄(주)(031-943-0082)

ISBN 978-89-6167-377-8 (03400)
Korean Translation Copyright ⓒ 2026, 권혁

값 15,000원

빛의 속도를 측정한 과학자들

올리버 로지 | 권혁 옮김

돋을새김

■ 일러두기

이 책은 올리버 로지의 《Pioneers of Science(Macmillan And Co., 1893)》 제2권을 완역한
것으로, 제1권은 《세상의 방향을 바꾼 과학자들(2025년)》로 출간했다.

Ω 차례

● 서문 ⋯ 06

제1장 뢰머와 브래들리, 그리고 빛의 속도   011

제2장 라그랑주와 라플라스 ─ 태양계의 안정성과 성운설   039

제3장 허셜과 항성의 운동   067

제4장 소행성의 발견   095

제5장 베셀 ─ 별까지의 거리와 별을 도는 행성의 발견   109

제6장 해왕성의 발견   129

제7장 혜성과 별똥별   153

제8장 조수에 대하여   185

이 책은 동료들이 나를 위해 준비했던 천문학의 역사와 발전에 대한 연속 강의에서 비롯된 것이다. 그들 중 한 명이 이 강의의 이름을 붙였다. 강의는 재미있었으며 그 내용을 모두 글로 작성해 출판하는 것은 당연했다.

강의 내용에 어떤 장점이 있는지를 주장해야 한다면, 나는 과학적 사실과 법칙들에 대한 쉬운 설명으로 이루어져 있는 것이라 말하겠다. 전기적인 세부 내용들은 모두 쉽게 구할 수 있는 자료들을 모아놓은 것으로, 비록 어느 정도는 명확하기를 기대했지만, 새롭거나 독창적인 것은 없다. 나는 단순하게 독창적인 과학자들의 생생한 특징을 차례대로 제시하려 했으며, 생각의 발달에 대한 그들의 영향을 추적하려 했다.

많은 전기작가들과 저자들에게 신세를 졌다. 현 시대에 더 가까운 인물들로 접근하면서 전기적인 측면은 줄어들고 과학적으로 다루어야 할 내용들이 점점 더 풍부해지고 주제는 점점 더 복잡해졌다. 하지만 어떤 경우에도 기술적인 내용이 되거나 일반적으로 읽어내기 어렵게 하지는 않았다.

교정지를 검토하면서 사실을 보다 명확하게 전달할 수 있도록 친절하게 조언을 아끼지 않은 친구들에게 진심으로 감사의 뜻을 전한다.

리버풀 유니버시티 칼리지에서
1892년 11월

Ω 뉴턴의 〈프린키피아〉(1687) 출간 이후 한 세기 동안의 과학자들

로머(Roemer 1644~1710)

제임스 브래들리(James Bradley 1692~1762)

클레로(Clairaut 1713~1765)

오일러(Euler 1707~1783)

달랑베르(D'Alembert 1717~1783)

라그랑주(Lagrange) 1736~1813)

라플라스(Laplace) 1749~1827)

월리엄 허셜(William Herschel 1738~1822)

프리드리히 베셀(Friedrich Bessel 1784~1846)

제1장

뢰머와 브래들리,

그리고 빛의 속도

뉴턴이 세상을 떠날 무렵, 영국은 유럽의 여러 나라 가운데 과학 분야에서 가장 뛰어난 위치에 있었다. 그러나 그 우위는 오래가지 못했다. 그의 사망 이후, 옥스퍼드 대학의 브래들리 교수가 두 가지 위대한 발견을 이루었지만 그 뒤로는 한동안 침체기가 이어졌다. 일반적으로 위대한 인물은 자신이 남긴 제자들이 그의 방법을 따라 연구를 이어가며 서로 자극과 경쟁을 통해 발전하는 학파를 형성하는 법이다. 뉴턴 역시 제자들을 남기긴 했지만, 그들은 스승의 연구 방법을 거의 알지 못했으며, 알려진 일부조차도 보통 사람이 다루기에는 지나치게 복잡하고 부담스러웠다. 실제로 〈프린키피아〉의 방법을 그대로 따르려 한 사람들 가운데 새로운 결과를 얻은 이는 단 한 명뿐이었고, 그것도 미미한 성과에 그쳤다. 영국에서는 거의 한 세기 동안 다른 어떤 연구 방법도 배제한 채 오로지 뉴턴의 방식을 연구하고 논평하는 데 몰두했으며, 그 결과로 중요한 과학적 업적은 거의 나오지 않았다.

그러나 대륙에서는 그런 맹목적인 모방이 자리 잡지 않았다. 뉴턴과 거의 동시에 라이프니츠가 발견한 방법들은 훨씬 깊이 이해되고, 수정되며, 확장되고, 개선되었다. 그 결과 프랑스와 독일에서는 위대한 수학자들의 학파가 형성되었고, 과학적 발견의 영예는 프랑스와 독일로—아마도 이 시기에는 특히 프랑스로—넘어갔다. 영국은 그 영예를 완전히 되찾지 못했다.

물론 19세기에 들어서면서 영국에도 몇몇 거인이 나타나, 시간이 지나 그들의 진정한 위대함이 드러난다면 역사상 가장 위대한 인물들 가운데 자리할 수도 있을 것이다. 그러나 오늘날 과학 연구의 규모와 성과 면에서 본다면, 계몽된 정부와 폭넓은 지적 발전을 이룩한 독일을 주목해야 한다. 다만 영국도 서서히 깨어나고 있으며, 정부가 하지 못하는 일들을 이제는 민간에서 이루기 시작하고 있다.

영국의 주요 도시들에 과학과 문학 활동의 중심지가 세워지고 있는 것은, 비록 지금은 매우 기초적인 수준의 교육을 제공하는 데 그치고 있다 해도, 앞으로 한 세기쯤이 지나면 이 나라가 걸어온 길 중 가장 중요하고도 결실 있는 진전으로 평가받게 될 것이다. 대륙에서는 이미 오래전부터 이러한 중심지들이 있었다. 거의 모든 대도시에는 대학이 자리하고 있으며, 지금은 풍부한 지원을 받고 있다. 예컨대 코페르니쿠스가 수학을 배웠던 볼로냐 대학은 최근 개교 800주년을 기념했다.

뉴턴 이후 한 세기의 과학사는 클레로, 오일러, 달랑베르와 같은 위대한 수학자들, 그리고 그중에서도 특히 라그랑주(Lagrange)와 라플라스(Laplace)의 업적을 포함하고 있다.

그러나 이들 모두의 주요 업적은 개척적인 성격이라기보다 이미 발견된 영역을 측량하고 지도화하며 개간하는 일에 가까웠다. 진정한 의미에서 다음 개척자로 꼽을 수 있는 인물은 아마 허셜(Herschel)일 것이다. 하지만 우리가 천문학이 지나온 여러 단계를 제대로 이해하고, 근대의 발견들을 충분히 받아들일 준비를 하려면, 그 사이의 시대에 대해서도 주의를 기울일 필요가 있다. 게다가 이 시기에는 여러 중요한 사실들이 점차 인식되기 시작했으며, 지금 이야기하려는 발견의 중요성은 아무리 강조해도 지나치지 않을 것이다.

행성과 항성으로 이루어진 우주에 대한 직접적인 지식은 모두 고대의 초기 관측에서부터 허셜의 위대한 발견에 이르기까지 전적으로 시각이라는 감각에 의존해 있다. 다른 감각들은 우리 세계 이외의 어떤 천체에도 전혀 반응하지 않는다. 우리는 천체들을 만질 수도, 들을 수도 없다. 따라서 만약 인류가 시각이 없는 존재였다면, 자신이 더듬으며 살아가는 이 세상 외에 다른 세계의 존재를 결코 알거나 상상할 수도 없었을 것이다. 외부의 우주는 여전히 존재했겠지만, 인간은 그것에 대해 완전히 그리고 절망적으로 무지한 상태에 머물렀을 것이다. 우리의 세계 밖에 또 다른 우주가 있다는 생각조차 불가능했을 것이며, 그런 발상은 터무니없는 것으로 치부되었을 것이다. 우리에겐 시각이 있지만, 그렇다고 해서 유한한 존재가 가질 수 있는 모든 감각을 다 갖고 있다고 생각할 근거는 전혀 없다.

청각이나 시각을 잃은 종족은 쉽게 상상할 수 있다. 그러나 우리보다 더 뛰어난 감각을 지닌 종족을 상상하는 일은 그리 쉽지 않다. 그럼에도 동물들의 후각을 떠올려 보면, 특정한 방향에서 우리의 능력을 넘어서는 지각의 가능성을 생각하는 데에 어느 정도 도움을 얻을 수 있다. 만약 우리보다 더 높은 수준의 감각이나 전혀 다른 감각을 지닌 종족이 존재하거나, 혹은 인류가 진화의 과정에서 그런 추가적인 감각 기관을 얻게 된다면, 지금까지 존재하고 있었지만 결코 인식하지 못했던 전혀 새로운 우주의 사실들이 비로소 우리에게 드러날 것이다. 그리고 우리는 그때, 지금의 인간 존재 상태를 되돌아보며, 마치 세상의 풍요로운 인식을 전혀 알지 못한 채 어둠 속에 있던 번데기와 같은 존재였다고 여길 것이다.

우주가 우리에게 어떤 방식으로 인식되는지, 우리가 우주를 바라보는 시각과 물질·힘·다른 세계들, 심지어 의식에 대한 모든 개념이 결국 인간에게 주어진 특정한 감각 기관의 구성에 달려 있다는 사실은 아무리 강조해도 지나치지 않다. 우리가 가진 감각은 힘, 운동, 소리, 빛, 촉각, 열, 맛, 냄새를 느끼는 능력이며, 우리가 직접 아는 것은 오직 이러한 감각들뿐이다. 그 밖의 모든 것은 이 감각들에 근거해 추론된 결과에 불과하다. 그래서 우리가 보는 세계는 이러한 감각을 통해 형성된 모습일 뿐이다. 그러나 만약 다른 종류의 감각 기관을 가진 존재라면, 그 세계는 전혀 다른 모습으로 보일 수도 있을 것이다. 따라서 우주가 실제로 어떠한지는, 우리가 유한한 존재로 있는 한, 영원히 알 수 없는 일이다.

눈이 없다면 천문학은 존재할 수 없다. 우리가 알고 있는, 혹은 앞으로도 알 수 있을 것 같은 모든 외부 우주에 대한 정보는 빛을 통해 전해진다. 이 작은 지구가 점처럼 속해 있는 그 거대한 우주에 대한 모든 지식의 매개체가 바로 빛이다. 빛은 정보를 전달하는 통로이자 사자이며, 우리는 눈과 함께 망원경, 분광기 그리고 앞으로 발명될 수많은 '관측기구'들을 통해 그 빛이 가져오는 정보를 읽어낸다.

빛은 별에서 우리의 눈으로 여행해 온다. 그런데 그것은 순간적으로 도달하는가, 아니면 도중에 머뭇거리며 오는가? 만약 빛이 느리게 온다면, 그것은 현재의 상태를 전해주는 것이 아니라, 아주 오래전에 그 여정을 시작했을 당시의 상황을 우리에게 알려주는 셈이 된다.

그렇다면 우리가 보고 있는 태양은 지금의 모습일까, 아니면 300년 전의 모습일까? 만약 그 정보가 특급열차를 타고 온다고 해도 300년쯤 늦게 도착할 것이며, 그렇게 된다면 태양이 앤 여왕 시대에 이미 사라졌더라도 우리는 아직 그 사실을 모르는 채 있을지도 모른다. 따라서 '우리의 사자(使者)가 얼마나 빠르게 여행하는가?'라는 질문은 천문학자들에게 매우 흥미로운 주제가 아닐 수 없다.

이 문제를 풀기 위한 시도는 예로부터 수없이 이루어졌다. 아마 고대 그리스인들도 이 질문을 곰곰이 생각했을 것이다. 그러나 내가 아는 한 이 문제를 본격적으로 논의한 가장 이른 시기의 인물은 갈릴레오였다. 그는 이 문제를 실험적으로 다루는 간단한 방법을 제안했다. 우선 분명한 것은 빛이 소리보다 훨씬 빠르다는 점이다. 이 사실은 멀리서 누군가 망치질하는 모습을 지켜보기만 해도 알 수 있고, 권총을 쏠 때 섬광이 소리보다 먼저 보인다는 점을 통해서도 확인할 수 있으며, 번개가 번쩍인 뒤에야 천둥소리가 들려온다는 사실을 통해서도 쉽게 느낄 수 있다. 소리는 1마일을 이동하는 데 5초가 걸리며, 그 속도는 대략 소총탄과 비슷하다. 그러나 빛은 그보다 훨씬 빠르다.

갈릴레오가 제안한 단순한 실험은 이렇다. 두 사람이 각각 등불과 가리개를 들고 먼 감시탑이나 인접한 산꼭대기에 올라간다. 그리고 서로 번갈아가며 불빛을 비추고 가리기로 약속한 뒤, 상대방의 신호를 가능한 한 즉시 따라 하도록 하는 것이다. 이렇게 하면 한쪽이 자기 등불을 가리거나 밝힐 때, 다른 쪽에서도 멀리서 반짝이는 불빛이 같은 동작을 하는 것을 보고, 자신의 행동과 그에 대한 반응 사이에 눈에 띄는 시간차가 있는지를 판단할 수 있다. 이 실험은 실제로 피렌체 학회 회원들이 수행했는데, 숙련도가 높아질수록 반응 간격이 점점 짧아져, 결국에는 아무런 지연이 없는 것처럼 보였다. 그 결과 빛은 사실상 순간적으로 이동하는 것으로 여겨졌다.

그들이 그런 결론에 도달한 것은 어찌 보면 당연한 일이었다. 설령 훨씬 더 정교한 장치를 마련했더라도—예를 들어 한쪽 지점에 거울을 설치하여 먼 곳의 관측자가 자신의 등불이 반사되는 모습을 직접 보고, 인간의 반응 속도에 의존하지 않고 자신이 만든 빛의 차단과 점멸을 관찰하도록 했다 하더라도—그 사이의 시간 간격은 전혀 감지되지 않았을 것이다.

가령 완벽에 가까운 광학 장치를 통해, 이곳에 있는 등대의 불빛이 대서양 건너 뉴욕에 세운 거울에 반사되어 다시 우리 눈에 들어오게 만들 수 있다고 하자. 즉, 빛이 대서양을 가로질러 왕복해야만 보이게 되는 셈이다. 그런 경우라도, 가리개를 열어 빛이 비치기 시작하거나 다시 닫아 빛을 가릴 때 그 변화는 전혀 지연 없이, 즉각적으로 일어나는 것처럼 보일 것이다.

물론 실제로는 미세한 간격이 존재한다. 그 간격은 1/50초, 즉 돌이 약 1/13인치를 떨어지는 데 걸리는 시간 정도지만, 이는 기계 장치 없이 사람의 감각만으로는 결코 알아차릴 수 없을 만큼 짧다.

하지만 기계 장치를 이용한다면 가능하다. 예를 들어, 큰 바퀴의 톱니처럼 연속된 차광판들을 배열해 두면, 빛이 빠르게 차단되고 다시 드러나는 일이 연속적으로 일어난다. 이때 빛이 멀리 있는 거울을 향해 나아가는 통로와 동일한 구멍을 통해 관찰한다면, 바퀴의 톱니 하나가 돌아와 그 구멍을 막을 때쯤 빛이 되돌아올 수 있다. 그렇게 되면 빛은 출발하거나 되돌아올 때마다 톱니에 의해 막혀, 전체가 계속 어둡게 보일 것이다. 반대로 회전 속도를 높이거나 낮추면 빛이 다시 나타나게 된다. 따라서 빛이 지속적으로 가려지는 정확한 회전 속도를 측정하면, 그로부터 빛의 속도를 계산할 수 있다.

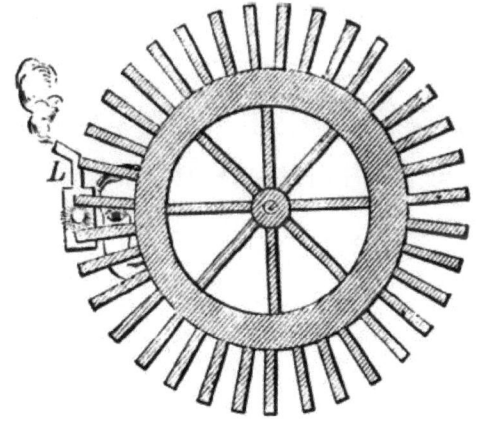

그림 1 회전하는 바퀴의 톱니를 통해 먼 거울에 반사된 빛을 바라보는 눈

이 실험은 나중에 피조(Fizeau)가 훨씬 정교한 형태로 수행했으며, 코르누(Cornu)가 놀라울 만큼 세밀하고 정확하게 반복 실험을 했다. 그러나 비교적 근대의 이러한 일들에 대해서는 지금 당장 관심을 두지 않아도 좋다. 다만 참고로 말하자면, 만약 빛이 왕복으로 모두 2마일을 이동해야 한다면, 어떤 하나의 틈을 통해 출발한 광선이 되돌아올 때 이웃한 톱니에 의해 차단되도록 하려면, 톱니바퀴는 450개의 톱니를 가져야 하고 초당 100회로 회전해야 한다. 이는 자칫하면 바퀴가 산산이 부서질 위험을 감수해야 하는 속도다.

초기의 관측자들이 빛의 속도를 '순간적'이라고 부른 것은 무리가 아니었다. 보통의 실험으로는 측정하는 것이 불가능해 보였고, 그래서 빛은 무한한 속도로 이동한다고 여겨졌다. 그러나 재치 있고 영리한 덴마크 천문학자가 하늘에서 일반적인 설명으로는 도저히 이해할 수 없는 한 가지 현상을 관찰했다. 그리고 그는, 만약 빛이 무한하지는 않지만 매우 빠르게 일정한 속도로 움직인다면 그 현상을 즉시 설명할 수 있다는 사실을 알아차렸다. 그 현상은 목성의 위성과 관련된 것이었으며, 그 천문학자의 이름은 뢰머(Roemer)였다. 이제 그 관측에 대해, 그리고 그 사람에 대해 차례로 이야기해보자.

우리의 달이 그렇듯, 목성의 위성들은 태양빛을 반사하여 빛나기 때문에 눈에 보인다. 그러나 그들은 거대한 행성 주위를 돌면서 일정 지점에 이르면 목성의 그림자 속으로 들어가 태양 빛을 잃고, 우리 눈에도 보이지 않게 된다. 그리고 그 사라지는 순간은 매우 정확하게 관측할 수 있다.

목성의 제1위성을 예로 들어보자. 연속되는 두 번의 식(蝕, eclipses) 사이의 간격은 위성이 목성을 한 바퀴 도는 공전 주기가 되어야 한다. 그런데 그 주기를 관측해보니 일정하지 않았다. 평균적으로는 42시간 47분이었지만, 계절에 따라 달라지는 듯했다. 뢰머가 봄에 관측할 때는 그 시간이 더 짧았고, 가을에는 더 길어졌다. 분명히 이상한 현상이었다. 우리 지구의 계절이 목성의 위성 운동과 무슨 관련이 있을까? 따라서 이것은 실제 변화가 아니라, 단지 우리기 목성에서 멀어지거나 가까워짐에 따라 생기는 겉보기 변화라고 생각할 수밖에 없었다. 이러한 관점에서 살펴본 뢰머는, 위성의 공전주기가 가장 길게 보일 때는 지구가 목성으로부터 가장 빠르게 멀어지고 있을 때이며, 가장 짧게 보일 때는 목성 쪽으로 가장 빠르게 접근하고 있을 때라는 사실을 알아냈다.

그렇다면 빛이 이동하는 데 시간이 걸리고, 점진적으로 전파되는 것이라면 이 모든 이상 현상은 완벽하게 설명된다.

지구는 1초 동안 약 19마일(약 30km)을 이동한다. 따라서 목성의 제1위성이 한 바퀴 도는 42시간 45분 동안 지구는 약 290

만 마일(약 470만km), 대략 300만 마일(약 480만km)을 이동하게 된다. 위성의 식은 정확히 제때 일어나지만, 우리가 그 광경을 보는 것은 그 사실을 전하는 빛이 추가로 300만 마일을 더 여행해 와서 지구를 따라잡은 후이다. 따라서 지구의 공전 궤도상 어느 위치에서 위성의 공전주기가 길어지고, 또 어느 위치에서 짧아지는지를 정밀하게 관측하고, 이러한 가설적 설명이 옳다고 가정하면, 그로부터 빛의 속도를 계산할 수 있다. 이것이 바로 뢰머가 한 일이다.

지연의 최대치는 약 15초 정도였다. 따라서 빛이 300만 마일을 이동하는 데 걸리는 시간은 15초이며, 그 속도는 300만을 15로 나눈 값, 즉 대략 초속 20만 마일(약 32만km)이 된다. 오늘날 우리가 더 정확히 알고 있듯, 이는 초속 약 18만 6천 마일(약 30만km)이다. 여기서 주의할 점은, 이러한 지연이 지구와 목성 사이의 거리 때문이 아니라 지구의 속도에 의해 결정된다는 것이다. 이 점은 설명의 핵심 원리를 이해하고 나면 상식적으로도 명확해진다. 속도라는 것은 단지 거리만으로는 결정될 수 없는 개념이기 때문이다.

당시 천문학자들은 뢰머의 이러한 설명을 곧바로 받아들이지 않았다. 그의 가설은 어느 정도 관심을 불러일으켰고 논의되기도 했지만, 실제로는 제1위성을 제외한 다른 위성들에는 명확히 적용되지 않았으며, 그 제1위성에 대해서조차 그리 단순하고 완전한 설명으로 생각하지 않았다. 물론 지금 설명한 것은 이 이론의 가장 기본적이고 단순한 형태다. 실제로는 수많은 교란 요인과 복잡한 계산이 개입되며, 제1위성의 경우 다른 위성들보다 운동이 빠른 덕분에 그 영향이 덜하긴 하지만, 그래도 여전히 상당히 복잡한 문제였다.

실제로 목성의 위성 운동을 완전히 이해하는 일은 매우 어려운 문제다. 우리 지구의 달조차 태양의 섭동으로 인해 그 운동이 복잡해 달운동론(lunar theory)이라 불릴 만큼 까다롭다. 〈프린키피아〉에서 밝힌 대로, 뉴턴은 이 문제를 푸는 데 책의 나머지 모든 부분보다 더 큰 노력을 들였다고 했다. 그러나 목성의 위성 운동은 그보다 훨씬 더 어렵다. 사실 지금까지도 그것들의 운동을 완전히 계산해낸 사람은 없다. 목성의 위성들은 물론 태양의 영향을 받지만, 동시에 서로에게도 영향을 미친다. 게다가 목성 자체가 완전한 구형도 아니다. 목성의 모양과 위성들 간의 상호 인력이 결합되어, 그 운동은 대단히 복잡하고 예측하기 어려운 양상을 보인다.

따라서 위성의 공전 주기에서 나타나는 오차가 뢰머가 말한 원인 때문이라고 단정할 수는 없었다. 그것이 실제 존재하는 불균등이 아니라는 점, 즉 중력 이론만으로는 설명할 수 없다는 사실이 입증되지 않는 한 확신할 수 없었던 것이다. 당시에는 아직 그러한 증명이 이루어지지 않았기 때문에, 뢰머의 발견은 절반만 완성된 채로 '찬란하지만 검증되지 않은 가설'로서 보류되었다. 그 이론은 그렇게 해서 반세기 동안 선반 위에 올려진 채로 남게 되었고, 거의 잊혀지다시피 했다.

이제 뢰머라는 사람에 대해 잠시 이야기해보자. 그는 덴마크 사람으로, 코펜하겐에서 교육을 받고 수학에 정통했다. 우리가 그를 처음 만나게 되는 것은, 뉴턴의 연구와도 관련이 있는 뛰어난 프랑스 측지학자 피카르(Picard)의 조수로 임명되었을 때다. 피카르는 1도(度)의 길이를 정확히 측정한 업적으로 잘 알려져 있으며, 당시 덴마크를 방문해 옛 티코 천문대가 있던 휜(Huen) 섬의 정확한 위치를 확정하려 했다. 수많은 관측이 이루어진 장소의 위도와 경도를 정확히 알아내는 일은, 그 자료들을 올바르게 해석하기 위해 필수적인 작업이었다. 측정이 끝난 뒤, 젊은 뢰머는 피카르를 따라 파리로 갔고, 그곳에서 몇 년 후 '목성 제1위성의 운동에서 나타난 불균등성에 대하여'라는 논문을 발표했다. 그는 그 현상을 '빛의 연속적 전파'라는 가설을 통해 설명했다.

그는 생의 후반부를 코펜하겐 대학 교수로 지내며 열정적인 천문 관측에 바쳤다. 다만 허셜처럼 묘사 위주의 관측자가 아니라, 조지 에어리 경(Sir George Airy)이나 티코 브라헤(Tycho Brahe)처럼 정밀한 측정을 중시한 관측자였다. 그는 실제로 티코의 훌륭한 계승자라 할 만했으며, 그의 생애의 주된 업적은 새로운 천문 관측 장비를 고안하고, 기존 장비를 더욱 정밀하게 발전시키는 일이었다. 오늘날의 현대 천문대가 갖춘 대형 정밀 기기들 가운데 상당수는 바로 이 덴마크인이 발명한 것이다. 세계에서 가장 뛰어난 천문대 중 하나인 러시아의 풀코바(Pulkowa) 천문대에 설치된 장비 목록을 보면, 거의 뢰머의 발명품을 확장한 목록이라 할 수 있을 정도다.

그는 단지 기기를 고안하는 것에 그치지 않고, 정부의 지원을 받아 직접 제작까지 했다. 그리고 그것들을 활발히 사용하여 방대한 양의 관측 기록을 남겼다. 그가 세상을 떠날 무렵, 국립천문대에는 그의 필사 원고가 산더미처럼 쌓여 있었다. 안타깝게도 그 천문대는 도심 한가운데 위치해 있었고, 따라서 그런 장소에서는 결코 겪어서는 안 될 위험에 노출되어 있었다.

뢰머가 세상을 떠난 지 약 18년 후, 코펜하겐에서 대화재가 발생해 도시의 대부분이 잿더미가 되었다. 뢰머의 후임자인 호레보(Horrebow)는 귀중품을 챙겨 집을 떠나 천문대로 피신했고, 그곳에서 연구를 계속했다. 그러나 얼마 지나지 않아 바람의 방향이 바뀌었고, 그는 공포 속에서 불길이 자신이 있는 쪽으로 번져오는 것을 보았다. 그는 자신의 연구 기록과 뢰머가 남긴 관측 원고를 두 개의 상자에 담아 탈출을 준비했지만, 이웃들이 천문대를 피난처로 삼으면서 계단을 짐으로 가득 막아버리는 바람에 간신히 몸만 빠져나올 수 있었다. 결국 짐을 옮

길 틈도 없이, 모든 것이 불길 속에 사라지고 말았다.

수많은 관측 기록 가운데 고작 사흘치만이 남았고, 이 자료들은 1845년 베를린의 갈레 박사가 세심하게 분석하여 그 속에서 얻을 수 있는 모든 정보를 추출했다. 이러한 오래된 관측 기록은 현재의 천문 관측과 비교하는 데 매우 유용하며, 우주에서 일어나고 있을지도 모르는 변화를 밝혀내는 데 도움을 준다. 물론 오늘날이라면 이런 관측 자료는 인쇄되어 여러 도서관에 배포될 것이므로, 사실상 영원히 사라질 위험은 없을 것이다.

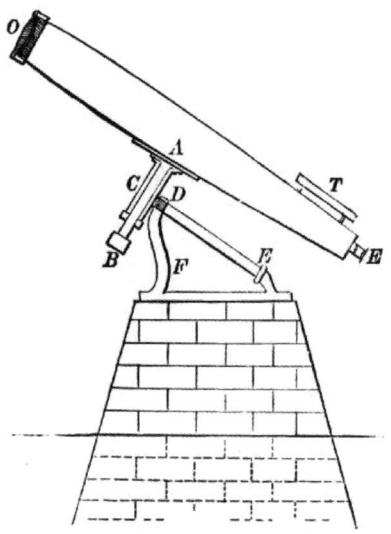

그림 2 적도식 망원경의 도면
CE는 지구축과 평행한 극축; AB는 적위축이다. 주간 운동은 극축 주위의 운동만으로 보상되며, 다른 축은 고정된다.

이 대참사는 위대한 관측자의 사후 명성에 큰 타격을 입혔지만, 그 손실을 어느 정도 보상해 줄 사건이 막 일어나려 하고 있었다. 덴마크에서 그 화재가 일어난 바로 그 해, 영국의 조용한 철학자 한 명이 몇몇 별들의 겉보기 운동에 관한 흥미로운 관측 결과를 곰곰이 고찰하고 있었다. 그 사색 끝에 그는 빛의 속도에 관한 중대한 발견을 이루었고, 그 결과 뢰머의 목성 위성 이론이 부활하게 되면서 그 이론과 뢰머는 영원히 기억되는 이름이 되었다.

제임스 브래들리(James Bradley)는 조용하고 평온하게 학구적인 삶을 살았다. 그는 주로 옥스퍼드에서 지냈으나, 이후 그리니치 국립천문대의 제3대 왕립 천문학자로 부임했다. 그보다 앞서 그 자리를 맡았던 인물은 플램스티드(Flamsteed)와 핼리(Halley)였다. 그는 성직 서품을 받고 옥스퍼드에서 수학 교수로 강의했으며, 위대한 발견을 구상할 당시 매그달렌 칼리지의 산책길을 거닐며 사색에 잠겼다고 전해진다. 그곳은 참으로 사유에 적합한 아름다운 장소였다.

브래들리는 몇몇 항성들의 연주시차(年周視差)를 측정하기 위해 관측을 진행하고 있었다. 시차란 관측자의 위치가 바뀜에 따라 물체들이 서로 상대적으로 이동하는 것처럼 보이는 현상을 말한다. 예를 들어 기차를 타고 창밖의 먼 풍경을 볼 때, 거리마다 다른 속도로 뒤로 밀려나는 모습을 관찰할 수 있는데, 이것이 바로 시차다. 멀리 있는 사물일수록 그 변화가 적게 나타나며, 달처럼 엄청나게 먼 천체는 사실상 이러한 영향을 거의 받지 않는다. 특별히 정밀한 관측 수단이 있지 않는 한, 우리가 아무리 멀리 이동해도 그런 천체는 하늘에서 제자리를 지키는 것처럼 보일 것이다.

항성들도 마찬가지다. 그 별들은 움직이는 객차, 즉 초속 약 19마일의 속도로 공전하는 지구 위에서 관측되고 있다. 따라서 별들이 무한히 멀리 있지 않거나, 모두 동일한 거리에 있지 않다면, 서로 간에 겉보기 위치의 차이를 보여야 한다. 지구 궤도의 한쪽 지점에서 별을 관찰하고, 여섯 달 뒤 1억 8,400만 마일 떨어진 반대편 지점에서 다시 본다면, 별들의 모습이 조금이라도 달라져야 하는 것이 당연해 보였다.

지구가 태양 주위를 돈다면 왜 항성들이 시차를 보이지 않는가 하는, 옛날의 코페르니쿠스 학설에 대한 난제는 여전히 해결되지 않은 채 남아 있었다. 이 사실은 여전히 의문이자 도전으로 남아 있었고, 피카르는 다른 천문학자들과 마찬가지로 단지 관측 기술이 충분히 정밀하지 않기 때문이라고 생각했다.

그러나 망원경의 발명과 국립천문대의 설립 이후, 이전에는 상상조차 할 수 없었던 정밀한 관측이 가능해졌으므로, 이제 이 문제를 다시 시도해볼 만했다. 그래서 그는 별들의 위치를 세심하게 관찰하며, 6개월 후에 하늘의 극점[*]을 기준으로 절대적 위치에 변화를 보이는지 살폈다. 물론 춘분점의 세차운동 같은 극점의 알려진 장기적 이동은 계산에서 보정했다. 그는 이미 극부근의 몇몇 별에서 미세한 시차를 감지한 것 같다고 생각했으며, 이 주제는 천문학계의 큰 관심을 끌고 있었다.

브래들리 역시 같은 연구를 시도하기로 결심했다. 그러나 그는 그 목표를 이루지 못했다. 그처럼 어려운 관측은 훨씬 뒤인 19세기에 이르러서야 성공했다. 그리고 지금조차도 당시 그가 시도했던 절대적 방식으로는 여전히 불가능하다. 하지만 종종 그렇듯, 브래들리는 하나를 시도하다가 전혀 다른 것을 발견했고, 그것은 결과적으로 훨씬 더 빛나고 중요한 성과였다. 이제 그의 발견이 이루어지는 과정을 따라가 보자.

대기의 굴절 현상 때문에 수평선 부근의 별을 관측하는 것은 그의 목적에 필요한 정밀도를 확보하기 어려웠다. 그래서 브래들리는 천정(天頂)^{**} 부근의 별들을 대상으로 삼았고, 그중에서도 특히 용자리 감마성(γ Draconis)을 관측 대상으로 정했다. 그는 천정 관측에 적합하게 고안된 특수 기기인 천정경(zenith sector)을 사용해 여러 계절에 걸쳐 매우 세심하게 관측을 진행했다.

---

* 지구 자전축을 하늘로 연장했을 때 천구와 만나는 점, 즉 천구의 북극·남극을 말한다.
** 지구 표면의 관측 지점에서 연직선을 위쪽으로 연장했을 때 천구(天球)와 만나는 점

이 작업은 그의 친구이자 아마추어 천문학자인 몰리뉴 (Molyneux)와 함께 케우(Kew)에서 이루어졌다. 그러나 몰리뉴는 얼마 지나지 않아 해군성의 고위직에 임명되어, 이런 '한가한 취미'를 더 이상 이어갈 수 없었다. 결국 브래들리가 혼자서 관측을 계속했다.

그들은 12월 초에 별의 위치를 정확히 측정했고, 6개월 뒤에 다시 관측할 계획이었다. 그런데 브래들리는 호기심이 생겨 일주일쯤 지나 다시 관측해보았다. 놀랍게도 별의 위치가 이미 달라져 있었다. 그는 이 관측 내용을 오래된 봉투의 뒷면에 적어두었는데, 그는 남은 종잇조각을 이런 식으로 활용하는 습관이 있었다. 브래들리는 정리 정돈과 체계에는 다소 무심한 사람이었다. 훗날 이 낡은 종이는 그의 유고 속에서 발견되어 사진으로 남겨졌으며, 역사적인 유물로 보존되었다.

그는 그 별을 여러 차례 반복해서 관측했으며, 관측할 때마다 별이 아주 미세하지만 분명히 남쪽으로 조금씩 이동하고 있음을 확인했다. 그 움직임은 매우 작았지만, 단순한 관측 오차로는 설명할 수 없는 정도였다. 이러한 변화는 3월까지 계속되었다. 그 후 별의 위치는 한동안 멈춘 듯 보이다가 다시 움직이기 시작해 6월까지 북쪽으로 돌아왔다. 9월에는 남쪽으로 치우쳤던 만큼 북쪽으로 이동해 있었고, 12월이 되자 원래의 위치로 되돌아왔다. 즉, 그 별은 1년 동안 일정한 주기로 미세한 진동

운동을 한 셈이었다. 인근의 다른 별들도 비슷한 변화를 보였으며, 이러한 현상은 '광행차(光行差, aberration)', 즉 별이 실제 위치에서 약간 벗어나 보이는 현상이라 불리게 되었다.

브래들리는 이 관측 결과와 그와 유사한 여러 현상에 대해 오랫동안 깊이 고민했다. 그는 어떤 별들은 작은 원 궤도를 그리는 반면, 그로부터 떨어진 별들은 직선 형태로 진동하고, 또 다른 별들은 타원형의 궤적을 보인다는 사실을 발견했다. 이 현상의 원인이 밝혀지지 않는 한, 정확한 천문학은 불가능했다.

'항성(恒星)'이라고 불렸던 별들이 사실은 전혀 '고정된' 것이 아니었던 것이다. 이전에는 전혀 알 수 없었던 수준의 정밀한 관측이 가능해지자, 모든 별들이 마치 지구의 공전주기와 관련된 작은 궤도를 따라 움직이는 듯한 모습을 보였다.

물론 별들 각각은 실제로도 고유운동을 가지고 있지만, 당시에는 그것이 알려지지 않았다. 이러한 고유운동이 실제로 밝혀진 것은 허셜의 시대에 이르러서였다. 그리고 그것이 발견되기 위해서는 먼저 브래들리가 관측한 이 기묘한 '광행차' 현상이 해명되어야 했다.

브래들리와 몰리뉴가 관측한 효과는 명백히 '겉보기 운동'이었음이 분명했다. 지구의 위치에 따라 별들이 실제로 스스로 그에 맞춰 움직인다고 생각하는 것은 터무니없는 일이었다. 또한 이 현상은 시차(視差, parallax)로도 설명할 수 없었다. 시차는 별들 사이의 상대적 위치를 바꾸지만, 이처럼 인접한 별들이 한꺼번에 같은 방향으로 움직이는 현상을 만들어내지는 않기 때문이다.

마침내 관측 후 4년이 지난 어느 날, 그는 템스강 위에서 배를 타고 있던 중 그 해답을 떠올렸다. 배가 움직일 때마다 바람의 방향이 달라지는 것처럼 보인다는 점에 주목한 것이다. 배의 속도가 변하면 바람이 부는 방향도 바뀌는 듯 보였다. 그 이유는 간단했다. 실제 바람의 속도와 배의 속도가 합쳐져, 바람이 불어오는 방향이 실제와 다르게 보이는 것이었다.

이 순간 브래들리는 자신이 하늘에서 관찰한 현상의 원인을 깨달았다. 그는 실제 별빛의 방향이 아니라, '움직이는 관측자'의 위치에서 본 겉보기 방향을 관측하고 있었던 것이다. 별빛의 실제 방향은 변하지 않지만, 지구의 운동에 따라 겉보기 방향이 바뀌어 보였던 것이다. 결국 빛은 순간적으로 이동하는 것이 아니라, 50년 전 뢰머가 추정했던 대로 점진적으로 전파되는 것이며, 지구의 운동과 빛의 속도가 합성되어 이러한 현상이 나타난다는 사실을 깨달았다.

움직이는 객차로 빛의 흐름이나 다른 어떤 것이 쏟아져 들어온다고 생각해보자. 객차가 그 흐름을 가로질러 달리면, 그 안에 있는 사람들은 그 흐름의 실제 방향을 잘못 판단하게 된다. 마찬가지로, 기차가 정지해 있지 않은 상태에서 밖에 있는 사람이 객차의 창문을 향해 총을 쏜다면, 탄환이 만든 구멍은 실제 사격선과 일직선이 되지 않는다. 기차가 움직이고 있다면, 두 구멍을 잇는 선은 실제로 총이 위치한 지점보다 앞쪽을 가리키게 될 것이다.

망원경의 두 렌즈—대물렌즈와 접안렌즈—를 통과하는 빛의 경우도 마찬가지다. 천문학자가 망원경의 끝에 눈을 대고 그 빛의 근원을 바라보면, 그는 실제 위치가 아닌 겉보기 위치를 보게 된다. 그 겉보기 방향은 망원경이 움직이는 방향 쪽으로 약간 치우쳐 있으며, 그 편향의 크기는 지구의 속도와 빛의 속도의 비율, 그리고 이 두 방향이 이루는 각도에 따라 달라진다.

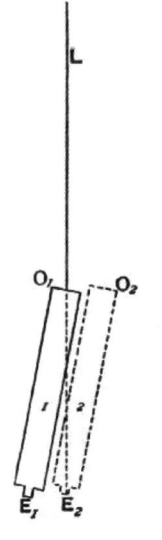

그림 3 수차 다이어그램
광선 L은 이동 망원경의 대물렌즈를 O 지점에서 통과하지만, 망원경이 두 번째 위치까지 이동하기 전까지는 접안렌즈에 도달하지 못한다. 따라서 이동 망원경은 빛의 실제 방향을 가리키지 않고, 약간 앞선 지점을 조준한다

그러나 그 편향의 크기는 놀라울 만큼 미세하다. 두 운동이 서로 직각을 이룰 때, 즉 지구의 공전 방향과 직각인 방향의 별을 볼 때 그 효과가 최대가 되지만, 그 경우에도 그 각도는 고작 20초각(20″), 즉 1도의 180분의 1에 불과하다. 이는 달의 겉보기 지름의 90분의 1 정도에 지나지 않는다. 이러한 변화는 망원경에 십자선을 설치하지 않았다면 결코 감지할 수 없으며, 망원경이 별의 실제 위치를 정확히 겨냥하고 있을 때조차 시야 중심에서 약간 벗어난 듯한 미세한 이동으로만 나타난다.

이 설명이 사실이라면, 그것만으로도 곧바로 빛의 속도를 구할 수 있는 방법이 제시된다. 최대 편향각을 호의 길이 ÷ 반지름의 비로 나타낼 수 있는데 그 값은 1/10,000, 즉 경사로 따지면 2마일에 1피트 높이 차가 나는 정도에 해당한다. 다시 말해, 빛의 속도는 지구의 공전 속도의 약 1만 배가 되어야 한다는 뜻이다. 이것은 초속 약 19만 마일에 해당하며, 목성 제1위성의 이상 현상을 설명하기 위해 뢰머가 계산했던 값과 크게 다르지 않다.

지구가 움직이는 방향에 있는 별들은 이러한 영향을 받지 않는다. 단순히 접근하거나 멀어지는 운동만으로는 별빛의 방향이 바뀌지 않으며, 눈에 보이는 변화도 생기지 않는다. 반면 지구의 운동 방향과 직각에 있는 별들은 가장 큰 영향을 받아, 최대 20초각(20″)만큼 위치가 어긋나게 된다. 그리고 그 중간 방향에 있는 별들은 그 각도에 비례하여 중간 정도의 편향을 보이게 된다.

지구의 운동 궤도는 태양을 중심으로 한 거의 원형이므로, 지구의 진행 방향은 끊임없이, 비록 느리지만 계속 변한다. 1년 동안 지구는 나침반의 모든 방위를 한 바퀴 도는 셈이다. 따라서 별빛은 항상 지구의 진행 방향 쪽으로 편향되어 보이기 때문에, 별들도 그에 따라 작은 닫힌 곡선을 그리는 것처럼 보인다. 이들은 언제나 지구의 위치보다 4분의 1 원(즉, 90도) 앞선 지점에서 그러한 궤도를 이루며, 1년에 한 바퀴를 완성한다.

황도 극(Ecliptic pole)[*] 근처의 별들은 지구의 운동 방향에 항상 직각이므로 원형 궤적을 그리게 된다. 반면 황도면(즉, 황도대 부근)에 있는 별들은 때로는 지구의 운동 방향에 직각이 되지만, 또 다른 때에는 접근하거나 멀어지게 된다. 그래서 이들은 1년에 한 번 진자처럼 앞뒤로 흔들리는 것처럼 보인다. 중간 위치에 있는 별들은 그 중간 형태의 운동을 보여, 이심률이 서로 다른 타원형 궤도를 그리게 된다. 하지만 이들 모두 1년을 주기로 운동하며, 타원의 장축 길이는 약 20초각(20″)이다. 이 계산은 실제 관측 결과와 매우 잘 들어맞았다.

---

* 황도는 지구에서 보기에 태양이 1년에 걸쳐 하늘을 이동하는 경로. 황도 극은 황도에 수직인 가상의 선인 황도축이 천구와 교차하는 두 지점.

이처럼 주요한 사실들은 '빛이 유한한 속도로, 즉 시간에 따라 연속적으로 전파된다'는 가설에 의해 명확하고 단순하게 설명되었다. 이번에는 더 이상 의심의 여지가 없었고, 천문학자들은 이 발견을 열렬히 환영했다.

그러나 브래들리는 거기서 멈추지 않았다. 빛의 유한한 속도라는 가설은 그가 관측한 불규칙성의 대부분을 설명했지만, 전부를 해명하지는 못했다. 그는 편향의 크기를 더욱 정밀하게 측정할수록, 기존 설명이 완전히 들어맞지 않는다는 사실을 점점 더 분명히 깨닫게 되었다.

분명히 아주 미세한 오차, 즉 설명되지 않은 어긋남이 남아 있었다. 별들은 여전히 완전히 이해되지 않은 위치 변화를 보였는데, 그것은 매년 반복되는 편향이 아니라 더 긴 주기를 가진 변화였다.

이 변화의 크기는 광행차의 절반 정도에 불과했으며, 주기가 길었기 때문에 확실히 검출하기가 더 어려웠다. 그러나 더 큰 어려움은 두 가지 다른 요동이 동시에 존재한다는 점이었다. 이 두 현상을 구분하고, 각각의 불균등한 움직임이 생기는 진정한 원인을 밝혀낸 브래들리의 통찰력과 기술은 실로 놀라운 것이었다.

브래들리는 이 미세한 위치 변화를 19년 동안 꾸준히 관측했고, 그 기간 동안 그 현상이 하나의 완전한 주기를 이룬다는 것을 확인했다. 그 주기의 원인은 이제 분명했다. 19년이라는 기간이 바로 달이 모든 위상을 한 차례 거치는 주기, 즉 고대인들이 일식 예측에 사용했던 '메톤 주기(Metonic cycle)*였기 때문이다. 오늘날에도 이 주기는 대략적인 일식 계산과 부활절 날짜 산정에 사용되며, 기도서(Prayer-book)에 나오는 '황금 수(Golden Number)'가 바로 이 주기에서 해당 연도가 차지하는 순번을 뜻한다.

브래들리는 이렇게 두 번째 불균등 현상, 즉 별들의 또 다른 주기적 겉보기 움직임의 원인을 지구 자전축의 미세한 흔들림(장동, 章動, nutation)으로 밝혀냈다.

지구의 자전축이 약 2만 6천 년의 주기로 원추형 궤도, 즉 세차 운동을 한다는 사실은 오래 전부터 알려져 있었다. 그런데 그 위에 19년을 주기로 한 번씩 나타나는 미세한 흔들림이 겹쳐 있다는 것이 새로이 밝혀졌다.

이러한 자전축의 흔들림은 춘분점 세차 운동과 마찬가지로 전적으로 '중력 이론'으로 설명된다. 두 현상 모두 완전한 구형이 아닌 지구의 볼록한 적도 부분이 달의 인력을 받기 때문에 일어나는 결과인 것이다.

장동(章動)은 사실 세차의 미세한 섭동이라 할 수 있다. 이 움직임은 회전하는 팽이에서도 관찰할 수 있다. 팽이의 기울어진

---

* 태양력과 태음력이 거의 완전히 일치하는 주기로 19 태음년에 해당한다.

축이 천천히 원뿔 모양으로 움직이는 것이 세차의 경로를 나타낸다. 때로 이 경로는 고리 모양의 굴곡을 보이는데, 그 작은 끄덕임들이 바로 장동에 해당한다.

이와 같은 미세한 섭동의 존재 가능성은 이미 뉴턴의 통찰력에서 벗어나지 않았다. 그는 〈프린키피아〉에서 이러한 현상에 대해 언급하며, 관측으로는 확인하기 어려울 정도로 미세할 것이라고 보았다. 다만 뉴턴이 염두에 둔 것은 달이 아닌 태양의 영향이었는데, 실제로 태양에 의한 효과는 매우 작지만, 오늘날에는 그것 역시 관측 가능한 것으로 확인되었다.

뉴턴은 브래들리가 이러한 위대한 발견을 이루기 전에 이미 세상을 떠났지만, 만약 생전에 이 소식을 들었다면 크게 기뻐했을 것이다.

프랑스의 위대한 과학사학자 들랑브르(Delambre)는 이렇게 평했다.

"광행차와 세차운동의 발견은 브래들리에게, 천문학의 역사 전체를 통틀어 히파르코스와 케플러 다음으로 뛰어난 자리를 보장해 주었다."

제2장

라그랑주와 라플라스

— 태양계의 안정성과 성운설

⋮

라플라스(Laplace)는 노르망디 지방의 농민의 아들로 태어났다. 비범한 재능이 부유한 이웃들의 눈에 띄었고, 그들의 도움으로 좋은 학교에 진학할 수 있었다. 그때부터 그의 삶은 눈부신 성공의 연속이었다. 그러나 생의 후반부에 이르러, 그는 정치라는 부패한 영향력과 직접적으로 맞닥뜨리게 되었다. '부패한'이라기보다 '혹독한'이라 표현하는 편이 더 정확할지도 모르겠다. 강한 성품의 사람에게 정치는 시련이 되지만, 약한 성품의 사람에게는 타락의 길이 되기 때문이다. 불행히도 라플라스는 후자에 속했다.

프랑스에서는 오래전부터 위대한 과학자들이 정치 무대에서도 두드러진 인물이 되는 전통이 있었다. 유감스럽게도, 이제 그러한 풍조가 이 나라에서도 점점 자리 잡아 가는 듯하다.

라플라스의 일생 자체는 그리 흥미로운 편이 아니므로 여기서 자세히 다루지는 않겠다. 다만 그의 눈부신 수학적 천재성은 의문의 여지가 없으며, 거의 비견할 사람이 없었다. 이 점에서 그는 일반적으로 뉴턴 다음 자리에 놓인다. 그의 재능은 라그랑주(Lagrange)의 그것보다 대중적 성격이 강했기 때문에, 명성과 지위를 쉽게 얻었고 결국 최고의 자리에까지 올랐다. 그럼에도 불구하고, 인간으로서 혹은 정치가로서의 라플라스는 그다지 존경을 받지 못한다. 시류에 따라 태도를 바꾸는 그의 처세는 신뢰를 얻기에 부족했지만 과학적 통찰과 재능만큼은 의심할 여지없이 최고 수준이었으며, 그가 남긴 업적은 천문학에 있어 실로 값진 기여가 되었다.

이제 그의 연구 중에서 큰 어려움 없이 이해할 수 있을 만큼만 몇 가지를 간단히 살펴보려 한다. 라플라스는 라그랑주와 긴밀히 협력하며 연구를 진행했는데, 라그랑주는 라플라스만큼 화려하지는 않았지만 훨씬 더 견실한 학자로 평가된다. 프랑스가 배출한 가장 위대한 두 과학자라는 점을 생각하면, 이들의 업적 가운데 누구에게 어떤 공이 돌아가야 하는지를 굳이 가르려는 시도는 불가능할 뿐 아니라 필요하지도 않다.

먼저 살펴볼 것은 달의 칭동(稱動, libration)에 관한 연구다. 이 현상은 갈릴레이가 아르체트리에서 여생을 보내던 무렵, 실명하기 직전에 발견한 것이다. 잘 알려져 있듯이, 달은 지구 주위를 공전하면서 항상 같은 면을 우리에게 향하고 있다. 다시 말해, 달은 외부 천체들을 기준으로 보면 자전하고 있지만, 지구를 기준으로는 자전하지 않는 것처럼 보인다.

칭동이란 달이 마치 좌우로 아주 약간 흔들리는 듯한 진동을 보이는 현상으로, 이 때문에 우리는 달의 한쪽 면을 조금 더 보았다가, 또 다른 쪽 면을 약간 더 보게 된다. 그 결과 달 표면의 절반 이상, 대략 5분의 3 정도를 볼 수 있게 된다. 이 현상은 비교적 단순하며 크게 중요한 문제도 아니며, 설명 역시 어렵지 않다.

달의 운동은 자전과 지구 공전의 결합으로 분석할 수 있다. 달의 자전 속도는 완전히 일정하지만, 공전 속도는 그렇지 않다. 달의 궤도가 원이 아니라 타원이기 때문에, 달은 근지점(近地點, perigee)에서는 더 빠르게, 원지점(遠地點, apogee)에서는 더 느리게 움직여야 한다. 이는 케플러의 제2법칙이 말하는 바와 같다. 그 결과 우리는 달의 몸체를 기준으로 볼 때, 처음에는 한쪽 가장자리를, 이어서는 반대쪽 가장자리를 조금씩 더 많이 보게 된다. 마치 균형이 조금 어긋난 기계 장치가 회전을 멈추기 직전 작은 진동을 반복하는 것처럼, 달이 아주 약하게 흔들리는 듯 보이는 것이다. 또 달의 자전축은 공전 궤도의 평면에 완전히 수직하지 않기 때문에, 때로는 달의 북극 너머 수백 마일이 더 보이기도 하고, 다른 때에는 남극 쪽으로 그만큼 더 보이기도 한다.

마지막으로, 일일(一日) 시차에 의한 칭동, 즉 일종의 시차 효과가 있다. 이는 달이 떠오를 때와 질 때 우리가 달을 보는 위치가 지구 지름만큼(약 8,000마일) 달라지기 때문에 생기는 현상이다. 이 지구의 지름이 '기선(基線, base-line)'이 되어 달의 공간을 향한 반구를 조금 더 들여다보게 만든다. 사실 이 일일 칭동(시차 칭동)은 앞의 두 종류보다 달의 숨겨진 면을 더 넓게 보이게 하는 데 더 큰 역할을 한다.

이러한 간단한 사실들은 알아두면 좋지만, 특별히 깊이 파고들 필요는 없다. 달의 반대쪽 면은 아마도 볼 만한 것이 그리 많지 않을 것이다. 그곳의 지형은 운석 먼지가 더 많이 쌓여 우리에게 보이는 쪽보다 훨씬 흐릿할 가능성이 크지만, 그 외에는 전반적인 성격이 크게 다르지 않을 것으로 보인다.

실제로 흥미로운 점은 달이 항상 같은 면을 지구 쪽으로 향하고 있다는 사실, 다시 말해 달이 지구를 기준으로 자전을 멈춘 상태(혹은 그렇게 보이는 상태)에 있다는 점이다. 라그랑주는 이러한 상태의 안정성이 달의 형태에 의해 유지된다는 것을 보여주었다.

달은 아주 미세하게 달걀 모양(장주형, prolate—즉, 지구를 향한 방향으로 약간 길게 늘어난 형태—)이어야 한다. 지구 쪽을 향한 지름이 우리가 보는 지름보다 수백 피트 정도 더 길어야 한다는 뜻이다. 아주 작은 차이지만, 별다른 교란이 없는 한 이러한 차이만으로도 현재의 안정된 상태를 유지하는 데 충분하다.

이런 장주형 변형은 지구의 중력 끌림과 달의 회전에 따른 원심력의 균형에서 생겨난다. 두 힘은 운동 자체를 방해하지는 않지만, 달의 형태를 아주 조금 찌그러뜨려 지구 쪽으로 약간 길게 만들었다. 달은 마치 완전히 유연한 물질처럼 이런 변형에 응한 셈이며, 실제로 과거에는 그런 유동적인 상태였을 가능성이 크다.

달의 표면에 서 있다고 상상해보면, 이 현상이 어떤 모습을 만들어낼지 잠시 생각해볼 만하다. 지구는 직경이 달의 약 네 배나 되는 거대한 달처럼 보일 것이다. 그리고 달이 그러하듯, 지구도 규칙적으로 위상 변화를 겪으며 차고 기울어질 것이다. 그러나 지구는 떠오르거나 지지 않는다. 늘 하늘의 한 지점에 고정된 채 머물며, 앞서 말한 달의 '칭동' 때문에 한 달에 한 번 아주 미세하게 좌우로 흔들릴 뿐이다.

지구 표면의 무늬—대륙의 윤곽이나 해양 등—는 지구의 자전 때문에 24시간 주기로 빠르게 변화하는 모습이 보일 것이다. 그러나 이런 영구적인 특징들은 대부분 무질서하게 분포한 구름층에 가려지곤 할 텐데, 이 구름들은 대체로 적도와 나란한 띠를 이루어 거칠게 모여 있을 것이다. 그리고 그 구름 덩어리들이 가장 밝고 흰 부분으로 보일 텐데, 이는 우리가 지구 구름의 아래쪽이 아닌 '은빛 가장자리'(silver lining)를 보게 되기 때문이다.

라그랑주와 라플라스의 연구 가운데 다음으로 주목할 것은 목성과 토성의 장주기 불균등성(long inequality)이다. 핼리는 중력 이론에 따라 계산한 '진짜 위치'와 비교해 볼 때, 목성은 꾸준히 뒤처지고, 반대로 토성은 점점 앞서가고 있다는 사실을 발견했다. 목성의 지연은 한 세기에 약 34.5분각에 달했다. 그런데 핼리가 더 오래된 관측 기록을 검토해보자 상황은 정반대였다. 충분히 과거로 거슬러 올라갈수록, 목성은 오히려 빨라지고 토성은 느려지고 있었던 것이다. (즉, 두 행성의 운동에는 단순한 가감속이 아니라 장기간에 걸쳐 방향이 바뀌는 복잡한 주기적 불균등성이 존재한다는 사실이 드러난 것이다.)

이것은 분명 행성 섭동의 한 사례였고, 라플라스와 라그랑주는 그 해명을 맡아 연구에 착수했다. 그들은 이것을 태양·목성·토성이라는 세 천체로 이루어진 삼체문제로 다루었는데, 이 셋은 태양계에서 알려진 천체 중 압도적으로 거대한 존재이기 때문에 지구나 화성 같은 작은 질량들은 전적으로 무시할 수 있었다.

그들은 길고 복잡한 연구 끝에 눈부신 성과를 거두었다. 삼체문제 자체를 해결한 것은 아니었지만, 세 천체의 상호작용을 서로 겹쳐지는 섭동의 형태로 다루어 관측된 운동의 가장 두드러진 이상현상을 설명하는 데 성공했고, 이를 통해 일반적인 행성운동 이론의 기초를 마련했다.

이 결과에서 중요한 역할을 하는 사실 가운데 하나는 오래된

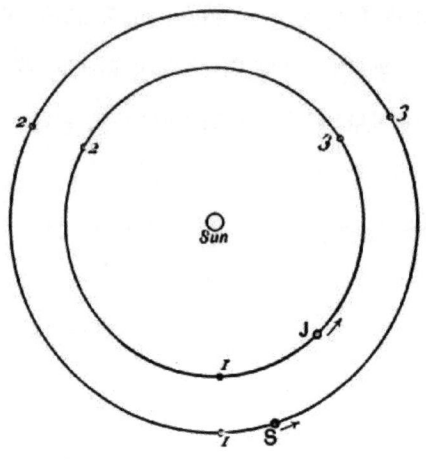

그림 4 목성과 토성의 궤도상 세 합성 지점

두 행성은 합성 지점 중 하나를 떠나고 있는 모습으로 표현되었는데, 목성은 상호 인력
에 의해 뒤로 당겨지고 토성은 앞으로 당겨지고 있다

점성가들이 이미 알고 있던 것으로, 목성과 토성이 일정한 삼각
형 대칭을 이루며 합(合)에 이른다는 점이었다. 이 배열 전체는
'트리곤(trigon)'이라 불렸으며 케플러가 여러 차례 언급한 바 있
다. 목성의 5년은 토성의 2년과 거의 같기 때문에, 목성의 5년
동안 세 번 정도 거의 합에 이르지만 정확히 일치하는 것은 아
니다. 이러한 근접의 결과로 두 행성은 주기적으로 서로를 끌
어당기기도 하고 뒤로 끌려가기도 한다. 그러나 합의 세 지점
이 차례로 이동하기 때문에 항상 같은 행성이 뒤로 끌려가는 것
은 아니다. 완성된 이론에 따르면 1560년에는 뚜렷한 섭동이 없

었으며, 그 이전에는 한 방향으로, 이후에는 반대 방향으로 섭동이 일어났고, 이러한 전체 교란 주기의 길이는 929년이다. 이 오랜 난제를 중력 이론으로 해결했을 때 천문학자들은 열광적으로 이를 환영했으며, 이 성과는 두 프랑스 수학자의 명성을 굳게 세우는 결정적 업적이 되었다.

다음으로 그들은 매우 복잡한 목성 위성들의 운동 문제에 착수했다. 그 결과 실제 관측값과 거의 일치하는 운동 이론을 이끌어내는 데 성공했으며, 위성들 사이에서 다음과 같은 흥미로운 관계를 발견했다. 즉, 제1위성의 속도+제2위성의 속도의 두 배가 제3위성의 속도와 같다는 것이다.

그들은 이 관계를 케플러처럼 경험적으로 발견한 것이 아니라, 중력 법칙으로부터 논리적 귀결로서 도출했다. 즉, 설령 위성들이 처음에는 이런 비율로 출발하지 않았더라도, 서로의 섭동 작용 때문에 결국에는 이 관계를 만족하는 상태에 도달하게 된다는 것을 보였다. 이 관계와, 위성들의 위치에 대해 매우 비슷한 또 하나의 연관성에서 따라오는 특이한 결과는 세 위성이 동시에 식(蝕)에 들어가는 일은 결코 일어날 수 없다는 것이다.

반면 제4위성의 운동은 훨씬 다루기 어렵다. 이는 다른 세 위성과 달리 그렇게 간단하고 조화로운 체계를 이루지 않기 때문이다.

이 천문학자들은 이러한 큰 성과를 거둔 뒤 자연스럽게 태양계의 다른 모든 천체들이 서로에게 미치는 섭동을 연구하기 시작했다. 그리고 그 과정에서 지구와 달에 관한 매우 놀라운 발견을 하나 더 이루었는데, 그 계산 과정과 세부 절차는 이 강의의 범위를 넘어서는 것이지만, 그 결과만은 충분히 흥미롭다.

이 시기에는 천문학 이론이 거의 완벽에 가까운 수준까지 발전했고, 관측 또한 극히 정밀해졌다. 그 덕분에 천문학적 사건들을 천 년 이상 앞뒤로 계산해도 놀라울 만큼 정확한 결과를 얻을 수 있었다.

핼리는 고대의 일식 기록들을 조사하고, 달의 이론을 이용해 그 일식이 실제로 일어난 시각이 계산상 일어나야 할 시각과 일치하는지 거슬러 올라가 계산해 보았다. 그런데 놀랍게도 두 시각 사이에 차이가 있었다. 매우 크지는 않았지만 무시할 수 없는 차이였다. 오늘날 우리가 알고 있는 사실로 말하자면, 한 세기 전의 일식은 이론상 일어나야 할 시각보다 12초 늦게 일어났고, 두 세기 전에는 그 오차가 48초, 세 세기 전에는 108초였으며, 이 지연은 시간이 제곱에 비례해 증가했다. 핼리는 여러 연구와 학자들의 도움을 통해 매우 오래된 일식 기록들까지 확보할 수 있었다. 예컨대 10세기 말 이집트에서 관측된 일식, 서기 201년에 일어난 일식, 기원전 직전의 또 다른 일식 그리고 히스기야 왕 시대에 바빌론의 점성술 천문학자들이 관측한 것으로 알려진, 현존하는 가장 오래된 확실한 일식 기록까지 찾아냈다.

일식에 대한 이 훌륭한 고대 기록을 기준으로 2,400년에 걸쳐 계산을 거슬러 올라가 보니, 계산된 시각과 실제 기록된 시각 사이에는 거의 두 시간에 달하는 차이가 있었다. 이 불일치의 원인을 고민하던 핼리는, 달의 운동이 일정하지 않고 점점 더 빨라지고 있으며, 이전보다 한 세기에 약 12초씩 앞서가는 것이 틀림없다고 추정했고, 이를 '달 평균운동의 가속'이라는 이름으로 발표했다. 즉, 달의 한 달[月]은 계속해서 조금씩 짧아지고 있었던 것이다.

그렇다면 중력 이론에 따르면 이러한 가속의 물리적 원인은 무엇일까? 많은 학자들이 이 문제를 다루었지만 모두 실패했다. 라플라스는 바로 이 문제를 스스로 풀고자 했고, 그 노력은 기이하면서도 아름다운 결과로 보답을 받았다.

지구가 태양 주위를 타원 궤도로 돌고 있으며, 타원은 일정한 정도로 납작해진, 즉 이심률을 가진 원이라는 사실은 잘 알려져 있다. 라플라스는 지구 궤도의 이심률이 변화하고 있으며, 아주 조금씩 감소하고 있다는 점을 밝혀냈다. 그리고 이심률의 이러한 변화가 달의 한 달의 길이에 영향을 주어, 달의 운동을 약간 더 빠르게 만든다는 사실을 알아냈다.

이 현상이 어떻게 일어나는지 거의 눈앞에 그려질 정도다. 지구 궤도의 이심률이 줄어든다는 것은 지구와 태양 사이의 평균 거리가 증가한다는 뜻이다. 이는 달이 받는 태양의 섭동이 약해진다는 의미이기도 하다. 그런데 태양 섭동의 효과 가운데 하나는 달의 궤도를 평소보다 더 크게 유지하는 것이다. 만약 그 섭동이 약해져 궤도의 크기가 줄어든다면, 케플러의 제3법칙에 따라 그 속도는 증가해야 한다.

라플라스는 이러한 원인으로 인해 증가하는 가속도의 양을 계산했으며, 그 결과는 한 세기에 약 10초였다. 이는 관측이 요구하는 값과 거의 일치하는데, 앞서 내가 관측값을 세기당 12초라고 한 것은 당시 사실이 그만큼 명확하게 확정되어 있지 않았기 때문이다.

이 계산은 오랫동안 완전히 만족스러운 것으로 여겨졌지만, 이 문제에 대한 최종 결론은 아니었다. 비교적 최근에 계산 과정에서 오류가 발견되어, 중력 이론이 예측하는 가속도는 세기당 10초가 아니라 6초로 줄어들었다. 따라서 이론만으로는 실제 관측과 정확히 일치시키기에 부족해진 것이다. 즉, 중력 이론만으로는 여전히 설명되지 않는 오차가 남아 있는 셈이다. (이 문제는 이제 거의 완전히 이해된 상태이며, 나중에 다시 다루게 될 것이다.)

그러나 이 논의에서 또 하나의 문제가 제기된다. 나는 지구 공전 궤도의 이심률이 감소하고 있다고 말했는데, 그렇다면 그 것은 언제나 감소해 왔던 것일까? 만약 그렇다면, 과거 어느 시점에는 근일점에서 지구가 태양에 매우 가까이 접근할 만큼 이심률이 컸던 때가 있었을까? 만약 지구가 언젠가 그렇게 태양 가까이를 스쳐 지나갔다면, 그 결론은 분명하다. 지구는 한때 태양에서 떨어져 나온, 혹은 분리되어 나온 존재였음에 틀림없다. 발사체가 지구 둘레의 궤도를 그릴 만큼 충분히 빠른 속도로 쏘아올려진다고 하자. 이때 필요한 발사 속도는 대략 초속 5~7마일 사이이며(그보다 빨라도, 그보다 느려도 안 된다), 그렇게 발사된 물체는 이후에도 항상 타원 궤도의 한 지점으로서 발사된 그 지점을 다시 통과하게 된다. 그리고 그 지점을 주기적으로 다시 지나가는 현상이 곧 그 물체의 기원을 보여주는 표지가 된다.

이와 마찬가지로, 어떤 위성이 중심이 되는 천체에 가까이 접근하지 않으며, 과거에도 결코 가까이 접근한 적이 없다는 것이 밝혀진다면, 그 자연스러운 결론은 분명하다. 그 위성은 그 중심 천체에서 태어난 것이 아니라, 전혀 다른 방식으로 기원했다는 뜻이다.

지구 궤도의 이심률이 변한다는 사실과 관련해 자연스럽게 떠오르는 질문은 다음과 같다. 이심률은 과거부터 계속 줄어들어 왔을까? 만약 그렇다면, 언젠가 지구의 궤도가 매우 타원형이어서, 발사체가 그렇듯 근일점에서 태양을 스치듯 지나갈 정도로 지구가 태양에 가까웠던 때가 있었을까?

라그랑주는 이 문제에 본격적으로 뛰어들었고, 그러한 방식으로 지구의 기원을 설명하는 것은 불가능하다는 것을 입증하는 데 성공했다. 지구 궤도의 이심률은 지금은 감소하고 있지만, 과거에는 감소만 했던 것이 아니라 오히려 증가하던 시기가 있었다. 즉, 이심률은 주기적으로 변하는 것이다.

약 1만 8천 년 전에는 이심률이 최대였으며, 그 이후로 지금까지 계속 감소해 왔다. 앞으로도 약 2만 5천 년 동안 계속 감소하여 거의 완전한 원형이 될 것이며, 그 후 다시 증가하기 시작해 같은 과정을 반복하게 된다. 또한 적도 경사(황도경사) 역시 주기적으로 변하지만, 그 변화폭은 크지 않으며 3도 이하에 그친다.

이 연구는 지질학자와 지리학자들에게 가장 중요한 관심사가 되거나, 최소한 그래야 한다. 지질학자들은 지구 표면에서 극단적인 온도 변화의 흔적을 발견해 왔다. 영국이 한때는 열대 기후, 또 다른 시기에는 빙하 기후였다는 증거가 있다. 멀리 북극해에서도 과거 무성한 식생이 존재했다는 증거가 발견되었다. 이러한 거대한 기후 변화는 오랫동안 수수께끼였다.

그렇다면 지구 궤도 이심률의 장주기 변화와 춘분점 세차의 결합이 그 해답이 될 수 있지 않을까? 만약 그것이 열쇠라면, 그것은 대략적인 추정이 아니라 정확한 열쇠가 되어, 빙하기의 시기를 비교적 정밀하게 계산해낼 수 있을 것이다. 또한 지금의 북유럽에서 한때 열대 식생이 번성했던 시기, 즉 석탄기(石炭紀)

의 날짜 역시 같은 방식으로 거슬러 추정할 수 있을 것이다.

이 주제의 이러한 측면은 크롤 박사가 〈기후와 시간〉이라는 저서에서 강력하고 성공적으로 제시한 바 있다.

이 문제는 흥미롭기도 하고 비교적 단순하게 설명할 수 있는 부분도 있으므로, 여기서 간단하고 부분적인 설명을 덧붙여도 좋을 것이다.

겨울과 여름의 기후 조건이 남반구와 북반구에서 서로 반대라는 사실은 누구나 알고 있으며, 현재 태양은 북반구의 겨울에 지구와 가장 가깝다. 다시 말해, 지구의 자전축은 지구가 타원 궤도에서 태양에 가장 가까운 근일점에 있을 때 북극이 태양에서 멀어지도록 기울어 있고, 반대로 지구가 태양에서 가장 먼 원일점에 있을 때는 북극이 태양을 향하도록 기울어 있다. 이러한 현재의 배치는 평균적인 북반구의 겨울과 여름의 기온 변화를 완화시키는 반면, 남반구에서는 계절의 온도 차이를 더욱 극단적으로 만든다. 물론 '다른 모든 조건이 같다면'이라는 가정은 실제로 성립하지 않으며, 기후를 결정하는 데에는 태양과의 3백만 마일 정도의 거리 변화보다 육지와 바다의 분포가 훨씬 더 강력한 요인이다. 그러나 남극의 얼음층이 북극보다 더 크다는 점을 고려하면, 남반구의 더 강한 여름 복사열과 더 추운 겨울이 이를 설명해줄 수 있다고 여겨진다.

그러나 이러한 현재의 상태가 항상 지속된 것은 아니다. 지구 자전축의 원뿔형 운동(지금은 다소 기묘한 표현으로 세차(歲差, precession)라 불리는 현상은 약 1만 3천 년의 시간이 지나면 축의 기울기를 지금과 정확히 반대로 만들 것이다. 그때가 되면, 지금 남반구가 겪고 있는 것과 같은 더 극단적인 겨울과 여름을 북반구가 경험하게 될 것이다.

만약 이런 변화가 지금 일어난다면, 현재 이심률이 그리 크지 않기 때문에 그 영향이 압도적이지는 않을 것이다. 그러나 이심률이 훨씬 컸던 과거에 이러한 변화가 일어났다면, 지구의 기후는 확연히 다른 양상을 보였을 것이다. 그리고 이것이 과거에 일어났는지에 대해서는 말할 필요도 없다. 실제로 일어났으며, 그에 따라 지구 평균 기온의 분포에 영향을 주는 하나의 요인이 존재하게 되었다. 다만 이것이 지질학자들이 관찰한 모든 현상을 완전히 설명해줄 만큼 충분한지는 의견이 갈릴 수 있다.

계절의 다양성은 모두 지구 자전축이 공전면에 대해 수직에서 약 23도 기울어져 있는 이 각도, 즉 황도경사(黃道傾斜, obliquity)에 달려 있다. 그리고 이 경사는 아주 느리지만 변동을 겪는다. 따라서 어떤 시대에는 여러 요인들이 모두 결합해 북반구에서 계절의 극단성이 최대로 나타나는 시기가 오고, 또 다른 시대에는 남반구가 이러한 극단적 계절 변화를 겪는 시기가 오게 마련이다.

그러나 태양계 전체의 운명이라는 훨씬 더 거대한 문제가 남아 있었다. 서로 다른 크기의 여러 천체들이 서로 다른 속도로 중심 천체를 돌고 있으며, 모두가 그 중심 천체의 끌림을 받으며 또한 서로를 끌어당기고 있다. 중력이라는 힘에 온전히 맡겨진 이 체계의 끝은 과연 어떻게 될 것인가? 결국 이 천체들은 태양에 점점 가까워져 그 안으로 떨어지고 말 것일까, 아니면 점점 멀어져 우주의 냉혹한 공간 속으로 사라져버릴까? 혹은 세 번째 가능성 즉, 가까워졌다 멀어졌다를 되풀이하면서 전체적으로는 현재 거리에서 크게 벗어나지 않은 채, 극단적인 온도 변화 없이 균형을 유지하게 되는 것일까?

만약 태양계의 행성 가운데 하나, 특히 목성이나 토성처럼 거대한 행성이 태양으로 떨어진다면, 그때 발생하는 열은 지금의 거리에서도 지구의 생명을 완전히 파괴할 만큼 엄청날 것이다. 따라서 우리는 우리 행성의 운명뿐 아니라 다른 행성들의 거동에도 직접적인 관심을 가질 수밖에 없다.

이 대단히 어렵고도 심오한 연구를 여기서는 가장 개략적으로만 스케치했지만, 그 결론은 다음과 같다. 태양계는 안정하다. 즉, 약간의 교란이 있어도 결국 다시 원래 상태로 되돌아오는 성질을 지닌다는 뜻이다. 만약 태양계가 불안정한 체계였다면, 아주 사소한 교란도 점점 누적되어 결국에는 어떤 형태로든 대재앙을 불러왔을 것이다.

매달린 추는 안정되어 있어 평균 위치를 중심으로 진동하며,

그 운동은 주기적이다. 반대로, 무게 중심이 위에 있는 물체를 한 점에 겨우 세워놓으면 그것은 불안정하다. 태양계의 모든 변화는 이와 달리 주기적 변화, 즉 일정한 간격으로 되풀이되는 변화이며, 그 변화의 크기는 결코 일정한 범위를 넘어서지는 않는다.

그 주기는 실로 엄청나다. 이 변화들이 모두 한 바퀴를 마치기까지는 200만 년이라는 시간이 지나야 한다. 이것이 행성의 진동 주기인데, 말하자면 '우리의 진자가 초(秒)를 재듯, 영원의 거대한 진자가 세기를 재는 것'과 같다. 그 규모는 실로 거대해 보인다. 그러나 지구는 이러한 주기를 여러 차례 거쳐 오며 존재해 왔다고 믿을 만한 이유가 있다.

라그랑주와 라플라스가 발견하고 정식화한 두 가지 안정성의 법칙은, 이해하기는 다소 어려울지 모르지만, 여기서 간단히 말해 둘 수 있다.

여러 행성들의 질량을 m_1, m_2 등으로, 태양으로부터의 평균 거리(또는 반지름 벡터)를 r_1, r_2 등으로, 궤도의 이심률을 e_1, e_2 등으로, 그리고 이 궤도들의 기울기—하나의 기준 평면, 곧 '불변면(不變面, invariable plane)'으로부터 잰 각도—를 θ_1, θ_2 등으로 나타내자. 그러면 이것들 가운데 질량 m을 제외한 나머지는 모두 변동할 수 있다. 그러나 아무리 변하더라도, 어떤 한 행성에서의 증가는 다른 몇몇 행성에서의 감소를 동반하게 되어, 모든 행성을 함께 고려하면 다음과 같은 항들의 합은 언제나 일정하게 유지된다. 즉 $m_1e_1^2\sqrt{r_1} + m_2e_2^2\sqrt{r_2} + \cdots$ 의 합은 항상 같다는 것이다.

이는 다음과 같이 간단히 정리할 수 있다.

$\Sigma(me^2\sqrt{r})$ = 상수

이것이 하나의 법칙이며, 다른 하나도 이와 비슷하지만, 이심률 대신 궤도의 기울기를 사용하는 경우이다.

$\Sigma(m\theta^2\sqrt{r})$ = 상수

이 두 상수의 값은 어느 때든 계산할 수 있다. 현재 그 값들은 매우 작다. 따라서 과거에도 항상 작았으며, 앞으로도 항상 작을 것이다. 다시 말해, 이 값늘은 변하지 않는 상수이다. 그러므로 e(이심률)도 r(평균거리)도 θ(궤도 기울기)도 결코 무한대로 커질 수 없고, 그 평균값이 0이 되는 일도 결코 일어날 수 없다.

행성들은 전체 이심률과 전체 기울기라는 일정한 양을 서로 다른 비율로 나누어 가질 수 있다. 그러나 그 전체량이 모두 어떤 한 행성에게 집중된다 하더라도, 그 행성이 수성처럼 아주 작은 경우가 아니라면 그 값은 과도하게 커지지 않는다. 그리고 태양계 전체의 이심률이 특정 행성 하나에 모두 실리는 일은 전혀 있을 법하지도 않다. 따라서 지구가 지금보다 태양에 훨씬

더 가까웠던 적도 없고, 앞으로도 그럴 일은 없다. 반대로 지구가 지금보다 훨씬 더 멀어지는 일도 없다. 지구 궤도의 변화는 작고 주기적이며, 추의 진동처럼 증가가 곧 감소로 이어지는 과정을 되풀이할 뿐이다.

위의 두 법칙은 태양계의 대헌장(Magna Charta)이라 불려 왔으며, 한때 태양계의 절대적 영속성을 보증하는 것으로 여겨졌다. 중력 이론이 허용하는 한도 내에서는, 이 법칙들이 실제로 태양계의 안정성을 보증해준다. 그러나 이 문제에 관해서는 앞으로 더 말해야 할 것이 남아 있다.

이제 마지막으로, 라플라스가 제시한 탁월한 하나의 가설에 이른다. 이것은 지금까지 언급한 결과들처럼 심오한 계산에서 나온 것도 아니며, 중력 이론이나 다른 어떤 알려진 이론으로부터 필연적으로 도출되는 것도 아니다. 따라서 우리의 지식이 확장됨에 따라 확인되거나 폐기될 수 있는 하나의 빛나는 가설로 받아들여야 한다. 이 가설이 바로 성운설(星雲說, nebular hypothesis)이다.

라플라스 이후 성운설에 대한 신뢰는 부침을 겪어 왔다. 어느 시기에는 널리 받아들여졌고, 또 다른 시기에는 거의 무시되기도 했다. 그러나 오늘날 이 가설은 과거 어느 때보다도, 심지어 처음 제시되었을 때보다 훨씬 더 높은 가능성을 가지고 과학적 무대에서 자리를 차지하고 있으며, 최종적으로 승리할 가능성

또한 그 어느 때보다 커 보인다.

이 가설은 그보다 앞서 철학자 칸트가 이미 명확하고도 훌륭하게 제시한 바 있었다. 그는 '별이 빛나는 하늘'과 '인간의 정신' 모두에 깊은 관심을 가졌으며, 천문학과 관련해서도 놀라울 만큼 뛰어난 통찰을 보여준 사람이다. 그런 점을 고려하면, 이 가설은 라플라스보다 오히려 칸트의 이름을 따서 불리는 편이 마땅할지도 모른다.

이 가설이 근거하고 있는 사실들은 다음과 같다. 태양계에서 당시까지 알려져 있던 모든 운동은 한 방향 그리고 오직 그 한 방향으로만 일어난다는 점이다. 행성들은 모두 같은 방향으로 태양을 공전하고, 위성들도 같은 방향으로 행성을 돌며, 자전하는 것으로 알려진 모든 천체들 역시 모두 동일한 방향으로 회전하고 있었다.

게다가 이러한 모든 운동은 하나의 단일한 평면, 혹은 그 근처에서 일어난다. 고대인들도 이미 태양·달·행성들이 모두 황도(ecliptic) 부근, 즉 황도대(黃道帶, zodiac)라 불리는 띠 안에서 움직이며 하늘의 다른 부분으로 벗어나지 않는다는 것을 알고 있었다. 위성들과 고리들도 비슷한 평면에 배열되어 있고, 각 천체의 하루 자전이 이뤄지는 평면, 즉 적도 역시 그에 대해 크게 기울어 있지 않다.

이 모든 것이 우연의 결과일 수는 없다. 그렇다면 무엇이 이러한 현상을 만들었을까? 이 기이한 '가족적 유사성'을 설명해 줄 어떤 연결 고리나 공통의 기원이 가능할까? 지금은 어떤 연결도 보이지 않지만, 과거에는 존재했을지도 모른다. 아니, 반드시 존재했어야만 한다고 거의 단언할 수 있다.

마치 태양계의 모든 천체가 한때 하나의 거대한 전체였고, 그 전체가 하나의 방향으로 회전하고 있었던 것처럼 보인다. 만약 그런 회전체가 분리되어 여러 조각으로 나뉘었다면, 그 조각들은 원래의 회전 방향을 그대로 보존할 것이다. 그러나 토성까지 또는 그 너머까지 공간 전체를 채우는 그런 거대한 덩어리는, 태양계 전체의 모든 물질을 포함하고 있었다 하더라도, 매우 희박한 밀도를 가진 상태였음에 틀림없다. 그처럼 거대한 부피를 차지했다면 고체일 수도 액체일 수도 없고, 기체 상태였다고 보는 것이 자연스럽다.

지금도 하늘에는 그런 회전하는 거대한 기체 덩어리가 존재할까? 물론 존재한다. 바로 성운(nebulae)이다. 성운 가운데 일부는 기체로 이루어져 있음이 지금은 확실히 밝혀졌고, 적어도 일부는 회전 상태에 있는 것으로 알려져 있다. 라플라스 시대에는 이를 확실히 알 수 없었지만, 그는 이미 그 가능성을 직감하고 있었다.

로스 경(Lord Rosse)이 처음으로 뚜렷한 나선 성운을 발견했으며, 비교적 최근에는 아이작 로버츠(Isaac Roberts)가 장엄한 안드로메다 성운의 훌륭한 사진을 촬영하여, 이전에는 전혀 예상하지 못했던 사실—이 거대한 성운 또한 광범위하고 장엄한 소용돌이 운동을 하고 있다는 사실—을 분명하게 보여주었다.

거대한 회전 기체 덩어리가 오랜 세월에 걸쳐 식으면서 스스로 응축된다고 하자. 그렇다면 그것은 어떻게 행동할까? 이것은 오늘날에도 도전할 만한 어려운 수학적 문제이며, 아직 충분히 다루어졌다고 말하기 어렵다. 어떤 이들은 이 문제를 완전히 해명할 수만 있다면, 태양계의 모든 역사를 그로부터 도출해낼 수 있을 것이라고 믿고 있다.

라플라스는 이 거대한 기체 덩어리가 수축함에 따라 점점 더 빠르게 회전하는 모습을 떠올렸다. 회전하는 물체가 크기가 줄어들면서도, 어떤 제동이 가해지지 않는 한 원래의 회전량을 그대로 유지한다면, 줄어드는 만큼 점점 더 빠르게 회전할 수밖에 없다. 이것이 수학자들이 말하는 각운동량 보존이다. 물체는 수축하면서 지렛대 길이를 잃지만, 그만큼 속도를 얻는 것이다.

이 기체 덩어리는 모든 입자가 서로를 끌어당기는 중력에 의해 하나로 묶여 있다. 하지만 모든 입자가 곡선을 그리며 움직이기 때문에 원래의 곡선 궤도를 벗어나 접선 방향으로 튀어나가려는 경향이 생긴다. 따라서 실제로 입자들을 안쪽으로 끌어모으는 힘은, 원심력보다 아주 조금 더 큰 중력 성분뿐이며, 바로 이 작은 초과분의 중력이 성운을 천천히 응축시키는 역할을

하게 된다.

성운을 이루는 부분들의 상호 중력은 회전에 의해 생기는 원심력과 맞서게 된다. 그러다가 마침내 두 힘이 균형을 이루는 지점에 이르게 되며, 그 지점을 넘어 바깥쪽에 있는 부분은 더 이상 안쪽으로 끌려가지 못하고 그 자리에 남게 된다. 그 나머지 중심부만이 계속해서 수축해 들어가고, 이렇게 해서 하나의 고리(ring)가 형성된다. 중심핵은 더욱더 안쪽으로 수축하며 나아간다.

얼마 후 같은 방식으로 또 다른 고리가 남겨지고, 그 과정은 계속 반복된다. 그렇다면 이렇게 남겨진 고리들은 어떻게 될까? 고리는 형성될 당시에 갖고 있던 속도로 회전하게 되는데, 완전히 규칙적이라면 고리 형태를 유지할 수도 있다. 그러나 아주 작은 불규칙성이라도 있다면 고리는 쉽게 분해되기 마련이다. 그 결과 고리는 한 덩어리 혹은 두세 개의 큰 덩어리로 갈라지며, 이 덩어리들은 결국 서로 충돌해 하나로 합쳐질 가능성이 크다. 이렇게 형성된 새로운 회전체 역시 여전히 회전하는 기체 덩어리이며, 더 큰 중심핵이 그랬던 것처럼 계속 수축하고 냉각되며 또다시 고리를 방출할 수 있다.

핵이 작아질수록 회전 속도는 더욱 빨라지므로, 가장 나중에 떨어져 나오는 고리일수록 더 빠르게 회전하게 된다. 그리고 마지막까지 남는 중심핵, 즉 최종적인 중앙 천체가 가장 빠른 속도로 회전하게 된다.

　우리가 지금 보고 있는 태양은, 그 거대한 전체 질량의 중심핵이 수축해 남은 것이며, 현재 약 25일에 한 번 자전하고 있다. 태양이 수축하면서 차례로 방출한 고리들은 지금의 행성들이 되었고, 그 크기는 어떤 것은 크고 어떤 것은 작다. 가장 나중에 떨어져 나온 고리일수록 태양 주위를 더 빠르게 공전하고, 더 일찍 분리된 바깥쪽 고리일수록 더 느리게 공전한다.

　이후 각 행성의 기체 질량이 수축하면서 방출한 고리들은 위성이 되었으며, 단 하나의 고리만이 분해되지 않은 채 남아 여전히 토성을 돌고 있다.

　태양을 도는 또 하나의 비슷한 고리—행성이 되지 못한 하나의 실패한 시도—도 남아 있는데, 이것이 바로 소행성대이다.

　이상이 라플라스의 유명한 성운설을 가장 간단하고 거칠게 요약한 것이다. 앞서 말했듯이 이 가설을 처음 제시한 사람은 철학자 칸트였지만, 이를 더욱 풍부한 세부를 갖춘 형태로 발전시킨 것은 프랑스가 낳은 가장 위대한 수학자이자 천문학자인 라플라스였다.

　수축하는 질량들은 스스로 줄어들면서 막대한 열을 만들어 내고, 어느 단계에 이르면 액체 상태로 응축되며, 시간이 더 지나면 표면에 단단한 껍질이 생기기 시작해 점점 두꺼워진다. 그러나 완전히 고체가 된 이후에도 오랜 세월 동안 내부는 여전히

그림 5 토성

뜨거운 상태로 남아 있게 된다. 작은 천체일수록 빨리 식고, 큰 천체일수록 식는 데에 엄청난 시간이 걸린다. 총알은 금세 식지만 대포알은 식는 데 몇 시간 혹은 며칠이 걸리며, 행성은 식는 데 수백만 년이 필요하다.

달은 거의 식어 있을 가능성이 있지만, 지구 내부는 여전히 뜨겁다—사실 매우 뜨겁다. 목성은 아직도 어두운 붉은빛을 띨 만큼 뜨겁다고 주장하는 관측자들도 있으며, 훨씬 크고 여전히 액체 상태인 태양의 높은 온도는 누구나 알고 있는 사실이다. 태양이 표면부터 식어 껍질이 생기기 시작하기 전까지는, 온도가 눈에 띄게 낮아지는 일은 없을 것이다.

라플라스 시대에는 열에 대해 지금 우리가 알고 있는 많은 사실들이 알려져 있지 않았다(위 문단에서도 그저 암시적으로만 언급되고 있다). 그러나 오늘날의 지식은 그의 성운설의 주요 골격을 더욱 강하게 뒷받침해 준다. 최신 망원경의 관측 역시 같은 방향으로 힘을 실어준다.

그러나 이제 우리는 새로운 가능성들도 고려하게 되었고, 그 시대에는 전혀 예상하지 못했던 조석(潮汐) 현상의 영향도 중요한 역할을 하는 것으로 드러났다. 따라서 다음 세기의 사상가는 태양과 행성의 기원, 즉 태양계의 진화(Evolution of the solar system)에 관한 이 유명한 옛 성운설의 기본 골격은 유지하되, 그것을 더 수정되고 확장된 형태로 받아들이게 될 것이다.

제3장

허셜과 항성의 운동

⋮

　우리가 지금까지 살펴본 위대한 학자들의 업적은, 몇 가지 주목할 만한 예외를 제외하면, 전혀 새로운 길을 개척했다기보다 뉴턴의 작업을 보완하고 완성하는 데 더 가까웠다고 인정할 수 있을 것이다.

　18세기 천문학 전체의 흐름이 그러했다. 모든 것이 계산되고 예측될 수 있는, 성숙했지만 흥미는 줄어든 단계에 도달한 것처럼 보였던 것이다. 알려진 법칙들의 결과들을 이끌어내기 위해서는 많은 노동과 기발한 재능 그리고 엄격한 수학적 훈련이 필요했지만, 새로운 무엇이 등장할 가능성은 거의 없어 보였다. 그 결과 사람들의 관심은 다른 분야로 향하기 시작했고, 그 시대의 가장 뛰어난 지성들 가운데 많은 이들이 천문학 대신 화학과 광학에 깊이 몰두하게 되었다.

　그러나 세기가 끝나기 전에 하나의 놀라운 예외가 나타나게 되어 있었다. 그는 앞선 세대의 성과에 대해 비교적 무지했고, 수학이나 과학의 복잡한 체계에도 정통하지 않았다. 그러나 자연에 대한 진정한 열정과 사랑을 품고 있었고, 그 힘으로 불리한 여건들을 극복해냈다. 정통적인 길이 아닌 샛길로 천문학의 영역에 들어선 그는, 스스로 새로운 길을 개척하여 천문학에 신선한 생명력과 활기를 불어넣었다.

이 사람이 바로 윌리엄 허셜(William Herschel)이다.

아그네스 메리 클러크(Miss Clerke)는 자신의 책《19세기 천문학의 대중적인 역사》에서 이렇게 말한다.

"허셜의 등장은, 다소 조용하고 평범했던 18세기에 나타난 유일하게 두드러진 특이현상이다. 그의 등장은 19세기 사건들의 흐름을 결정지었다. 이전의 어떤 것으로도 설명될 수 없었지만, 이후의 모든 것은 그의 등장을 중심으로 돌아가게 되었다. 그는 노력의 방향을 새롭게 돌려놓았고, 사유에 새로운 자극을 주었다. 허셜은 천문학에 대해 점점 높아지고 있던 대중적 관심이 흘러들어갈 새로운 통로를 열어주었다."

허셜은 1738년 하노버에서 태어났으며, 아버지는 군악대에서 오보에를 연주하던 사람이었다. 아버지는 훌륭한 음악가이자 교양 있는 인물이었고, 어머니는 당시의 전형적인 독일 부인이었다. 강하고 활동적이며 실무적 감각을 갖춘 여성이었지만, 동시에 극도로 무지하기도 했다. 글조차 쓸 줄 몰랐던 그녀는 배움이나 새로운 생각을 철저히 경계했다. 아들들의 교육을 마음

대로 막을 수 없어 늘 한탄했으나, 두 딸의 교육만큼은 요리·
바느질·살림 관리로 엄격히 제한했다. 다만 이 일들만큼은 딸
들에게 아주 잘 가르쳤다.

대가족이었고, 윌리엄은 네 번째 아이였다. 우리가 기억해야
할 사람은 그의 남동생 알렉산더와 훨씬 어린 여동생 캐롤라인
이다.

형제들은 모두 음악적 재능이 뛰어났으며, 막내는 공개 연주
회에서 바이올린을 연주하도록 탁자 위에 올려진 적도 있었다.
어머니는 딸들이 음악을 배우는 것을 금했지만, 아버지는 가끔
남몰래 조금씩 가르쳐주곤 했다. 한편 알렉산더는 음악가일 뿐
아니라 창의력이 있는 기계공이기도 했다.

열일곱 살 때, 윌리엄은 하노버 근위대의 오보에 연주자가 되
었고, 얼마 지나지 않아 그 연대는 영국으로 파병되었다. 두 해
뒤 그는 부모의 동의를 얻어 연대를 떠났는데, 지휘관의 동의나
승인 없이 떠난 것이었으므로 공식적으로는 탈영으로 간주될
일이었다. 실제로도 그랬다. 훗날 조지 3세는 이 일에 대한 공
식 사면장을 그에게 내려주었다.

열아홉 살이 되었을 때, 그는 이렇게 영국이라는 낯선 땅에서
생활하게 되었다. 그가 가진 것이라곤 스스로 익힌 약간의 프랑
스어·라틴어·영어, 아버지에게 배운 오보에·바이올린·오
르간 연주 실력, 어머니가 마련해준 약간의 좋은 리넨과 옷가지

들과 엄청난 활력뿐이었다.

그는 요크셔에서 한두 군데의 민병대 악단에서 음악 교사로 일하며 지냈고, 그 3년 동안 그의 삶에 대해 전해지는 것은 이 정도뿐이다. 그런데 그 무렵 더럼의 저명한 오르간 연주자 밀러 박사가 그의 연주를 듣고는, 자신과 함께 살며 연주회에서 연주해보지 않겠느냐고 제안했다. 허셜은 기꺼이 그 제안을 받아들였다.

그 뒤 그는 헬리팩스의 오르간 연주자 자리를 얻었고, 네다섯 해가 지난 후에는 당시 매우 유행하던 휴양 도시 바스(Bath)의 옥타곤 채플에 오르간 연주자로 초청되었다. 곧 그는 바스의 음악계를 이끄는 인물이 되었다.

이 무렵 그는 잠시 하노버의 가족을 방문했는데, 가족 모두에게, 특히 여동생 캐롤라인에게 깊은 사랑을 받고 있었다. 캐롤라인은 평생 윌리엄을 자신만의 특별한 오빠로 여겼다. 그러나 그녀의 삶은 여전히 집안일과 가사 노동에 억눌려 있었고, 그로 인해 자신의 삶을 제대로 펼치지 못했다고 회상한다.

"그토록 오래 기다려 온 내가 가장 사랑하는 오빠와 다시 만난 기쁨과 즐거움은, 유감스럽게도 나에게는 아주 조금만 허락되었다. 나는 늘 성당과 학교에 다녀야 했고, 설거지나 허드렛일에 매달려야 했기 때문에, 가족이 모두 모여 있는 자리에도 거의 함께할 수 없었다."

바스에 머무는 동안 합창곡, 송가, 성가, 하프 연주곡, 관현악 심포니 등 많은 음악 작품을 작곡했다. 학생도 매우 많이 가르쳤고, 고된 일정 속에서도 성공적인 음악가로 살았다. 하루 열네 시간 넘게 연주와 지도를 마치고 나면, 밤에 틈을 내어 수학, 광학, 이탈리아어, 그리스어를 공부하며 스스로 지식을 넓혔다. 이 시기에 그는 우연히 천문학 책 한 권을 접하게 되었다.

1763년에는 아버지가 중풍으로 쓰러졌고, 그로부터 2년 뒤 아버지는 세상을 떠났다.

그 무렵 윌리엄은 알렉산더에게 하노버를 떠나 바스에서 함께 지내자고 제안했고, 알렉산더는 실제로 그렇게 했다. 그 다음의 바람은 여동생 캐롤라인을 그 단조로운 삶에서 구해내는 것이었지만, 그것은 훨씬 더 어려운 일이었다. 캐롤라인의 일기에는 당시 그녀의 삶이 어떠했는지 잘 드러나 있으며, 그 가운데 몇몇 대목을 옮기면 다음과 같다.

"아버지는 나에게 세련된 교육을 시켜주고 싶어 하셨지만, 어머니는 거칠면서도 실용적인 교육을 시켜야 한다고 유독 단호하게 결심하셨다. 가정용 리넨 제작법을 배우기 위해 바느질쟁이에게 두세 달 보내는 것 외에는 아무것도 필요 없다고 생각하셨다. … 어머니는 내가 프랑스어를 배우는 것을 허락하지 않으셨다. … 그래서 아버지가 나를 위해 할 수 있었던 일은 어머니가 기분이 좋거나 자리에 안 계실 때 가끔 바이올린 레슨을 짧게 해주며 나를 달래고 스스로 즐거워하시는 것뿐이었다. … 어머니가 내가 가족에게 봉사하는 데 필요한 것 이상의 지식을 갖지 않기를 바랐던 것에는 나름의 이유가 있었다. 만약 윌리엄 오빠나 큰오빠가 배움이 조금만 더 적었더라면 고향으로 돌아왔을 것이고 그렇게 눈이 높아지지도 않았을 것이라고 확신하셨기 때문이었다."

그러나 아버지가 세상을 떠난 지 7년 뒤, 윌리엄은 독일로 건너갔다가 마침내 캐롤라인을 데리고 영국으로 돌아왔다. 그때 캐롤라인은 스물두 살이었다.

이렇게 해서 바스에서의 분주한 삶이 시작되었다. 캐롤라인에게 주어진 일은 실로 막중했다. 노래를 배우는 것뿐 아니라 영어를 새로 익혀야 했고, 게다가 회계도 맡아야 했으며 장보기까지 그녀의 몫이었다.

바스의 연주 시즌이 끝나면, 캐롤라인은 오빠 윌리엄과 함께 보낼 시간이 조금은 늘어나기를 기대했다. 하지만 그는 이미 광학과 천문학에 깊이 빠져 있었고, 베개 아래에 책을 넣고 잘 정도로, 식사 시간에도 책을 읽었으며, 다른 일은 거의 생각하지 않았다.

그는 천상의 경이로움을 직접 보고야 말겠다고 굳게 결심하고 있었다. 마침 어느 가게에서 작은 그레고리식 반사망원경을 발견하고 그것을 빌려 썼지만, 그마저도 만족스럽지 않아 20피트짜리 망원경을 직접 만들 생각을 하게 되었다. 그는 적당한 크기의 거울 값을 알아보기 위해 광학기구 제작자들에게 편지를 보냈지만, 그렇게 큰 거울 자체가 존재하지 않았고, 더 작은 것들조차 그의 형편으로는 살 수도 없었다. 그러자 그는 조금도 주저하지 않고 스스로 만들어 보기로 결심했다.

알렉산더도 그의 계획에 동참했다. 도구, 숫돌, 연마기, 그리고 온갖 잡동사니들이 집으로 쏟아져 들어왔고, 이를 본 누이 캐롤라인은 당혹스러움을 감추지 못했다. 그녀는 이렇게 적고 있다.

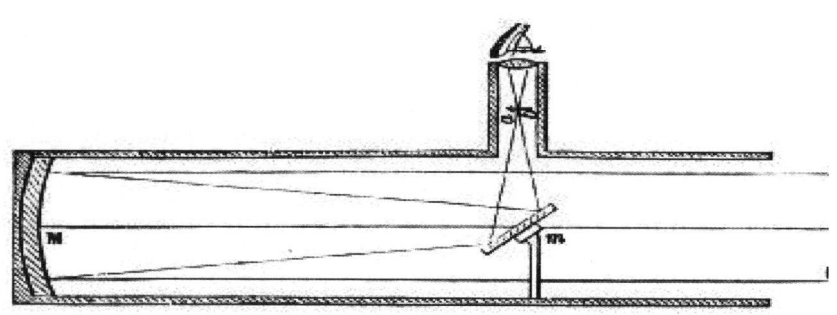

그림 6 뉴턴식 반사경의 원리

"안타깝게도, 집 안의 거의 모든 방이 작업장이 되어 가는 것을 보게 되었다. 잘 꾸며진 응접실에서는 가구장이가 망원경 통과 온갖 종류의 받침대를 만들고 있었고, 알렉산더는 여름이면 늘 머물던 브리스톨에서 가을에 싣고 온 거대한 선반기계를 안방에 설치해, 주형을 깎고, 거울을 갈고, 접안렌즈를 돌리는 데 사용했다. 그와 동시에 여름이라고 해서 음악이 완전히 중단될 수도 없었기 때문에, 오빠는 집에서 자주 리허설을 해야 했다."

1774년, 서른여섯 살이 되었을 때 그는 결국 길이 5.5피트짜리 망원경을 하나 완성했고, 본격적으로 하늘을 관측하기 시작했다. 그는 이 망원경에 너무나 애착을 가져서, 연주회 중간 휴식 시간마다 연주실에서 달려 나와 별을 들여다보곤 했다.

그는 곧 다른 망원경을 만들기 시작했고, 또 그다음 것도 만들었다. 그렇게 해서 점점 더 큰 망원경을 만들게 되어 대여섯 개가 넘는 다양한 망원경을 제작했다. 마침내 그는 7피트짜리 망원경을 만들었고 이어 10피트짜리 망원경도 완성해 체계적인 천체 관측을 시작했으며 이러한 관측 결과를 왕립학회에 보내기 시작했다.

그는 더 넓은 공방 공간과 20피트짜리 망원경을 놓을 잔디 마당이 있는 더 큰 집으로 옮겼고, 그곳에서도 거울을 갈아내는 일을 계속했다. 실제로 수백 개에 이르는 거울을 만들었다.

시중을 들며 충직하게 그를 따랐던 여동생의 일기에서 또 한 구절을 옮기면 다음과 같다.

"나는 악보를 베끼고 연습하는 데에 시간을 쓰는 한편, 오빠가 거울을 연마할 때 곁에서 시중을 들어야 했다. 오빠를 살려 두려면 음식을 조금씩 입에 넣어 먹이는 수밖에 없었기 때문이다. 한 번은 7피트짜리 거울을 완성하려고 무려 열여섯 시간 동안 손을 떼지 않은 적도 있었다. 대체로 식사할 때에도 오빠는 결코 손을 놀리는 일이 없었고, 늘 머릿속에 떠오른 어떤 구상이라도 그 자리에서 설계하거나 그림을 그렸다. 나는 대개 그가 선반 작업을 하거나 거울을 연마하는 동안 옆에서 책을 읽어주어야 했는데, 《돈키호테》, 《아라비안 나이트》, 스턴이나 필딩의 소설들이 그때 읽었던 책들이다. 차와 저녁을 내오는 일도 하고 있는 일을 방해하지 않도록 해야 했고, 필요할 때면 손도 보태주었다. 한 해가 지나자 나는 어느새 견습 1년 차 소년만큼이나 공방에서 쓸모 있는 사람이 되었다. … 그런데 다음 해에는 오라토리오 무대에 설 예정이어서, 일 년 내내 유명한 무용 교사 플레밍 양에게 주 2회씩 레슨을 받으며 '숙녀가 되기 위한' 훈련을 받았다. 우리는 그렇게 쉼 없이 살았다. 동생 알렉스는 매해 여름 몇 달 동안은 바스를 떠나 있었지만, 집에 있는 동안에는 형을 위해 선반이나 시계 제작 같은 일을 도우며 큰 기쁨을 느꼈다."

음악도, 천문학도, 망원경 제작도 동시에 진행되었고, 어느 하나만으로도 보통 사람에게는 벅찰 정도의 일을 매일같이 해냈다. 그러나 허셜 형제는 쉬는 법이 없었다. 낮에는 거울을 갈고, 저녁에는 연주회와 오라토리오를 소화하고, 밤이면 별을 관측했다. 그의 건강이 어떻게 이런 생활을 버텼는지 그저 놀라울 뿐이다.

별 관측 역시 결코 취미 수준의 일이 아니었다. 치밀하게 세운 관측 계획, 철저한 체계에 기반한 작업이었다. 그의 목표는 놀랍게도 — 이미 알려졌든 아직 알려지지 않았든 — 망원경으로 볼 수 있는 천체라면 무엇이든 빠짐없이 기록하고 묘사하기 위해 하늘 전체를 질서 있게, 차근차근 훑어 나가는 것이었다. 이를 '스위핑(sweeping)'이라 부르는데, 이름에서 떠올려지는 것처럼 대상을 빠르게 옮겨 다니는 작업이 아니다. 매우 지루하고 고된 과정으로, 한 시야를 몇 분 동안 따라가며 놓치는 것은 없는지 확인한 뒤, 조금 겹치는 다음 시야로 이동해 또다시 주의 깊게 관찰하는 방식이다. 무엇이든 눈에 들어오는 대상은 세심하게 살펴 그 특징을 파악해야 했다. 별이라면 둘이 붙어 있는 쌍성인지, 색을 띠는지, 희미하게 보이는 성운인지 확인해야 했고, 또 변광성일 가능성도 있으므로 밝기를 추정해 나중의 관측과 비교할 수 있도록 기록해 두어야 했다.

허셜은 평생 이런 방식으로 하늘 전체를 훑는 작업을 네 차례나 반복했다. 한 번의 천체 관측은 몇 해씩 걸리는 대작업이었다. 그 과정에서 그는 수많은 쌍성, 변광성, 성운, 혜성을 발견했고, 바스의 아마추어 천문가 윌리엄 허셜은 점점 무명의 그림자에서 벗어나 이름을 알려 가기 시작했다.

1781년 3월 13일 화요일은 천문학사에서 특별한 의미를 지닌다. 허셜은 왕립학회에 보낸 편지에서 이렇게 적고 있다.

"그날 밤 쌍둥이자리 에타(η Geminorum) 근처의 작은 별들을 조사하던 중, 다른 별들보다 눈에 띄게 큰 별 하나를 발견했습니다. 그 특이한 모습에 놀라 에타별 및 다른 별과 비교해 본 결과 훨씬 더 크다는 사실을 알게 되었고, 나는 그것이 혜성일 것이라고 의심했습니다."

그가 '혜성'이라고 생각했던 천체는 즉시 여러 전문 천문학자들에 의해 관측되었고, 얼마 지나지 않아 궤도를 계산해내기도 했다. 그 결과는 놀라웠다. 그 천체는 혜성과 달리 길게 늘어난 타원이 아니라 거의 원에 가까운 궤도를 돌고 있었고, 태양으로부터의 거리도 토성보다 거의 두 배나 멀었다. 그것은 혜성이 아니라 새로운 행성이었다. 지구의 100배가 넘는 거대한 크기에, 토성보다 훨씬 먼 곳을 도는 이 신천체는 곧 '천왕성(Uranus)'이라는 이름을 부여받았다.

지극히 충격적인 발견이었고 그 소식은 유럽 전역으로 퍼져

나갔다. 이 발견이 불러일으킨 관심을 이해하려면, 그것이 유일무이한 사건이었음을 기억해야 한다. 인류가 아는 가장 고대 시대부터 수성, 금성, 화성, 목성, 토성이라는 행성들이 알려져 왔고 그 수에 변화가 없었기 때문이다. 갈릴레이 등이 위성을 발견하기는 했으나, 새로운 기본행성(primary planet)은 전혀 예상치 못했던 완전히 새로운 사건이었다.

이 사건의 가장 즉각적인 결과 중 하나는 허셜이라는 인물이 발견되었다는 점이다. 왕립학회는 같은 해에 그를 회원으로 추대했다. 옥스퍼드 대학교는 박사 학위를 수여했고, 국왕은 그에게 망원경을 가져와 궁정에서 보여줄 것을 명했다. 그리하여 그는 가장 좋은 망원경을 들고 런던과 윈저 궁으로 향했다.

그곳에서 당시 왕립천문대장인 마스크라인(Maskelyne)은 허셜의 망원경을 그리니치의 국가 관측용 망원경과 비교했는데, 결과는 놀라웠다. 허셜이 집에서 직접 만든 망원경이 국가 소유의 망원경보다 훨씬 우수했던 것이다. 마스크라인은 허셜의 설계를 따라 새로운 거치대를 만들게 했지만, 정작 자신의 망원경 성능이 초라해 보인 나머지 그 거치대에 올릴 가치가 없다고 여겼다.

윈저에서 조지 3세는 매우 정중하게 대접했고, 궁정의 부인들은 토성과 여러 흥미로운 천체를 보여 달라고 요청했다. 이때 허셜은, 예전에 비슷한 상황에서 티코 브라헤가 보여준 태도를 떠올리게 하는, 약간의 세속적인 지혜를 발휘했다.

시연이 예정된 저녁, 하늘이 흐리고 비가 내릴 것처럼 보이자 그는 마분지와 얇은 종이로 인공 토성을 만들어 뒤에서 램프를 비추고, 그것을 정원의 벽 먼 곳에 설치했다. 실제 토성은 구름에 가려 보이지 않았지만, 정해진 시간이 되자 그는 귀족들에게 이 '가짜 토성'을 망원경으로 보여주었고, 그들은 크게 만족하며 돌아갔다.

그는 윈저와 그리니치를 오가며 머물렀고, 국왕의 이러한 후원이 과연 어떤 결과로 이어질지 확신하지 못한 채 지냈다. 그는 여동생에게 편지를 보내, 차라리 바스로 돌아가 거울을 갈고 있는 편이 훨씬 낫겠다고 털어놓았다. 여동생 캐롤라인은 그에게 서둘러 돌아오라고 요청했는데, 그의 음악 제자들이 점점 초조해하고 있었기 때문이다. 그러나 그들의 초조함은 어쩔 수 없이 계속될 수밖에 없었다. 결국 국왕이 허셜을 자신의 '천문학자', 정확히 말하면 '왕실 망원경 제작자'로 임명했기 때문이다. 이에 따라 캐롤라인과 식구들도 모두 불려와, 다쳇(Datchet)의 작은 집에 정착하게 되었다.

별을 바라보던 음악가에 불과했던 허셜은 이렇게 해서 본격적인 실천적 천문학자로 전환되었다. 그때부터 그는 사실상 관측소에서 살았다. 비가 내리거나 달빛이 너무 밝은 밤이 아니고서는 그를 그곳에서 떼어낼 수 없었다. 낮 시간에는 오랫동안 마음속에 그려 왔던 20피트 망원경 제작에 몰두했다.

그러나 아직 모든 어려움이 사라진 것은 아니었다. 다쳇의 집은 제대로 된 주거 공간이라기보다, 작업장과 관측소로 쓰기 위해 선택된 허름한 헛간 같은 곳이었다. 게다가 조지 3세가 허셜에게 지급한 연봉도 그리 후한 편이 아니었다. 실제로 그의 연봉은 연 200파운드에 불과했다. 국왕의 생각은 허셜이 망원경 제작으로 생계를 유지하리라는 것이었고, 실제로 허셜은 그렇게 했다. 그는 결국 망원경을 수백 대 만들어냈고, 그중 네 대는 국왕을 위한 것이었다.

하지만 이렇게 끊임없이 남들이 쓸, 혹은 장난처럼 다룰 망원경을 만드는 일은 그의 몸과 마음을 지치게 했다. 그가 정말로 원하는 것은 오직 하나였다. 관측하고, 또 관측하고, 끝없이 관측하는 일이었다.

윌리엄 허셜의 오랜 친구이자 궁정에서 어느 정도 영향력이 있던 윌리엄 왓슨 경은, 허셜이 처한 상황에 대해 매우 솔직하게 의견을 밝혔다. 국왕 조지 3세는 허셜에게 어떤 문제가 있다는 사실을 이해하자마자, 즉시 허셜이 마음껏 사용할 수 있는 거대한 망원경 제작비로 2,000파운드를 내놓겠다고 제안했다. 허셜에게 이것보다 더 행복한 일은 있을 수 없었다.

이에 다쳇에 있던 모든 목수와 장인들이 총동원되었다. 반사경을 만들 금속을 녹일 용광로가 설치되고, 망원경 구조물을 세

그림 7 허셜의 40피트 망원경

우기 위한 거치대가 만들어졌으며, 40피트 망원경의 제작이 본격적으로 시작되었다. 이 거대한 망원경을 완성하는 데에는 총 4,000파운드가 들었지만, 국왕이 그 전액을 부담했다.

허셜은 그 거대한 망원경으로 토성의 위성 두 개를 더 발견했다(그 전까지 알려진 것은 다섯 개였다). 또한 자신이 발견한 행성인 천왕성의 위성 두 개도 발견했는데, 이것들은 지금 오베론(Oberon)과 티타니아(Titania)로 불린다. 이 위성들은 약 40년이 지나 그의 아들 존 허셜 경이 관측할 때까지 다시는 보이지 않았다.

1847년에는 리버풀 근교에 있는 자신의 저택 '스타필드 (Starfield)'에서 라셀(Mr. Lassell)이 두 개의 위성을 더 발견하여, 지금 알려진 천왕성의 위성 수를 네 개로 만들었다. 이 둘은 아리엘(Ariel)과 엄브리엘(Umbriel)이라 불린다. 라셀은 또한 자신이 직접 만든 망원경으로 토성의 여덟 번째 위성인 하이페리온 (Hyperion)과 해왕성의 위성도 발견했다.

한 외국인 천문학자가 이 시기에 허셜과 그의 여동생이 어떻게 관측을 수행했는지를 다음과 같이 묘사하고 있다.

"나는 1월 6일 밤, 윈저 근처 다쳇에 있는 허셜의 집에서 하룻밤을 보냈고, 운 좋게도 맑은 밤을 만날 수 있었다. 허셜은 20피트 길이의 뉴턴식 망원경을 정원에 매우 단순하고 편리하게 설치해 두었고, 보조자가 아래에서 망원경을 움직였다. 가까운 곳에는 항성시로 맞춘 시계가 있었다.

그 옆방에는 허셜의 누이가 앉아 플램스티드의 성도(星圖)를 펼쳐 놓고 있었다. 허셜이 좌표와 관측 조건을 말하면, 그녀는 그것을 빠짐없이 적어 내려갔다.

이런 방식으로 허셜은 하늘의 어느 한 부분도 놓치지 않고 밤하늘 전체를 조사하고 있었다. 그는 보통 약 150배의 배율로 관측했으며, 4~5년이 지나면 지평선 위의 모든 대상을 한 번씩 다 살펴볼 수 있을 것이라고 자신 있게 말했다. 그는 지금까지의 관측 내용을 적어 둔 책을 보여주었는데, 그 방대한 양에 놀라지 않을 수 없었다. 각각의 '스윕(sweep)'은 적도좌표로 약 2도 15분의 구간을 덮고, 그는 각 별을 망원경이 세 번 이상 지나가게 하여 그 어떤 것도 빠져나갈 수 없게 했다. 그는 이미 약 900개의 이중성(二重星)과 거의 그에 맞먹는 수의 성운을 발견한 상태였다. 내가 새벽 1시쯤 잠자리에 들 때까지도, 그는 그날 밤 새로운 성운을 네다섯 개나 더 찾아냈다.

그날 밤 정원의 온도는 화씨 13도였지만, 허셜은 밤새 관측을 계속했고, 3~4시간에 한 번씩 방 안에 들어가 잠시 휴식을 취하는 정도였다. 허셜은 수년 동안, 날씨가 맑은 날이면 매 시간마다 하늘을 관측했는데, 그는 망원경이 주변 공기와 온도가 같아야 제대로 성능을 발휘한다고 믿었기 때문에 언제나 야외에서 관측했다. 그는 옷을 더 껴입는 방식으로 추위를 견뎠으며, 체력 또한 매우 강건했다. 그의 관심사는 오직 천체뿐이었다. 그는 나에게 유럽의 여러 관측소를 위해 주문한 망원경을 기꺼이 책임지고 제작해주겠다고 약속했으며, 특히 반사경 제작은 직접 맡아 처리하겠다고 했다."

1783년, 허셜은 자신의 학문적 열정을 깊이 이해하고 공감해 준 훌륭한 여성과 결혼했다. 그녀는 런던 시의 부유한 상인의 외동딸이었기 때문에, 허셜이 그동안 겪어 왔던 경제적 어려움

그림 8 윌리엄 허셜

— 사실 그리 큰 문제로 여긴 적은 없었지만 — 은 완전히 사라
졌다. 그들은 슬라우(Slough)의 보다 넓고 편리한 집으로 이사
했다. 그로부터 약 아홉 해 뒤에, 훗날 저명한 천문학자가 되는
존 허셜 경이 태어났다.

그러나 이 결혼은 그의 헌신적인 여동생 캐롤라인에게는 적
지 않은 충격이었다. 그때부터 그녀는 따로 하숙집에서 지내야
했고, 밤이 되면 오빠의 관측을 돕기 위해 슬라우로 건너가야
했다. 이 가족이 얼마나 철저히 밤과 낮을 뒤바꾸어 살았는지는
특별히 강조해 둘 필요가 있다. 그들의 오직 낮 동안에만 잠을
잤으며, 맑은 밤이면 단 한 번도 빠지지 않고 관측에 몰두했다.

이 열정이 얼마나 믿기 어려운 수준이었는지를 보여주는 가장 강렬한 증거는 캐롤라인의 일기 속 한 문장이다. 다쳇에서 슬라우로 이사하던 바로 그때 그녀는 이렇게 적었다.

"다쳇에서의 마지막 밤은 날이 밝을 때까지 하늘을 쓸어보는 데 썼고, 그 이튿날 저녁이 되자 슬라우에서 망원경은 이미 관측을 시작할 준비가 되어 있었다."

이 한 문장 속에는 허셜 가족의 삶 전체가 고스란히 담겨 있다. 관측, 관측, 또 관측 — 그들의 삶은 오로지 별들을 향해 있었다.

캐롤라인은 이제 종종 자신이 직접 작은 망원경을 가지고 '스위핑(sweeping)'을 하도록 허락받았다. 이렇게 해서 그녀는 생애 동안 꽤 많은 성운을 발견했고, 여덟 개의 혜성을 찾아냈다. 그 가운데 네 개는 완전히 새로운 혜성이었으며, 그중 하나는 훗날 엔케(Encke)의 혜성으로 알려져 큰 명성을 얻게 되었다.

그가 여동생과 함께 해낸 작업은 정말로 경이롭다. 허셜은 자신의 손으로 반사망원경용 포물선 거울을 무려 430개나 제작했고, 그 밖에도 완전한 형태의 망원경을 수없이 만들어 냈다. 그는 마흔두 살이 되어서야 왕립학회에 논문을 제출하기 시작했지만, 죽기 전까지 장문의 정교한 논문 69편을 보냈다.

그 가운데 하나는 성운 1,000개의 목록이었고, 15년 뒤 그는 또 다른 1,000개의 목록을 제출했다. 그 몇 해 뒤에는 500개를 더 보탰다. 그는 또한 806개의 이중성(二重星)을 발견했고, 이들이 실제로 서로를 중심으로 공전한다는 사실을 증명했다. 허셜은 그 이중성들 중 일부가 공전궤도의 절반을 도는 것을 생전에 직접 지켜볼 수 있었다. 그에게 '고정별'이라는 개념은 존재하지 않았다. 별들은 서로에 대해 아주 천천히 움직이고 있었고, 그는 이 '고유운동'을 포착해냈다.

허셜은 북쪽 하늘 전체를 네 차례나 완전히 조사했고, 3,400개의 관측 구역에서 별을 세었으며, 수백 개의 별 밝기를 추정했다. 또한 별의 고유운동을 가능한 한 정확하게 측정했으며, 이를 위해 고안한 방법은 오늘날까지 여전히 사용되고 있다.

결국 이 모든 작업의 결실은 무엇인가? 그것은 천왕성도 아니고, 여러 위성들도 아니며, 이중성과 성운들을 단지 관측 대상으로서 발견한 것도 아니다. 그 결실은 바로 '별의 과학'의 시작이었다.

지금까지 별들은 항해나 실용적인 목적을 위해서만 관측되어 왔다. 별이 떠오르고, 자오선을 통과하고, 지는 시각이 기록되었을 뿐, 별들은 마치 시계나 죽은 기계장치처럼 다루어졌고, 고정된 기준점으로만 여겨졌다. 천문학자들의 모든 관심과 노력은 태양계로 향해 있었다. 관측된 것은 행성이었다. 티코는 행성들의 위치를 관측하여 표로 만들었고, 케플러는 그 운동의 몇 가지 법칙을 밝혀냈으며, 갈릴레오는 그 특성과 위성들을 발견했다. 뉴턴과 라플라스는 그 법칙의 모든 세부항목들을 파악했다.

그러나 별들에 대해서는 — 옛 프톨레마이오스 체계가 여전히 참이라 여겨져도 이상할 것이 없었다. 별들은 거대한 수정구에 박혀 있는 점들에 불과하며, 모두가 거의 같은 거리에 놓여 있고, 지구를 위해 존재하는 것처럼 생각될 수도 있었다.

허셜은 이 모든 것을 바꾸어 놓았다. 동일성 대신 다양성을, 동일한 거리 대신 끝이 보이지 않는 광대한 공간과 무한한 거리들을, 정지와 고요 대신 운동과 활동을, 침체 대신 생명을 발견했다.

그렇다, 허셜은 보이는 우주 전체의 생명과 활동성을 발견한 것이었다. 더 이상 우리의 작은 태양계가 유일한 관심의 대상이 아니었고, 그 현상들만이 인간에게 흥미로운 것도 아니었다. 허셜에게 있어 모든 별은 하나의 태양계였다. 그뿐만 아니라, 그는 태양들이 태양들 주위를 공전하는 모습을 발견했는데, 그 사이의 거리는 인간의 정신을 아찔하게 만들 만큼 엄청나면서도, 여전히 사과를 나무에서 떨어뜨리는 것과 같은 중력의 법칙을 따른다는 사실도 확인했다.

그는 별들이 지구에서 얼마나 멀리 떨어져 있는지 추정하려고 애썼으나, 그 문제만큼은 도무지 해결할 수 없는 절망적인 과제로 남았다. 이 문제는 그의 사후, 베셀(Bessel)에 의해 해결되었고, 지금은 여러 별들의 거리가 알려져 있다. 그러나 그 거리는 실로 두렵고 말로 표현하기 어렵다. 태양까지의 거리는 하나의 점처럼 미미해지고, 태양계 전체는 그저 하나의 단위로 축소되며, 그 단위가 수십만 번 반복되어야 비로소 별들에 닿을 수 있다.

그럼에도 불구하고 그 천체들의 운동은 보인다 — 아주 정밀한 측정을 통해서라면 분명하게 드러난다. 예를 들어 백조자리 61번 별(61 Cygni)은 당시에도, 지금도 초당 100마일의 속도로 질주하고 있다. 그렇다고 해서 그 움직임이 눈에 띄게 보인다고 생각해서는 안 된다. 아니다, 모든 일상적이고 실용적인 관점에서 보면 그 별들은 여전히 '고정별'이다. 수천 년이 지나도 눈에 띄는 변화는 보이지 않을 것이다. '아담'이 보았던 별자리 그대로를 우리가 보고 있는 셈이다. 그들의 비행을 포착할 수 있는 것은 높은 배율의 망원경과 정밀한 미크로미터 측정을 통해서뿐이다.

그러나 태양도 별 가운데 하나이다 — 결코 특별히 크거나 밝은 별이 아니다. 우리가 아는 바로는 시리우스는 태양보다 스무 배나 크다. 태양이 별 중 하나라면, 그렇다면 태양은 정지해 있는가? 허셜은 이 질문을 던졌고, 대답을 찾으려 했다. 그리고 놀라울 만큼 성공했다. 어쩌면 그의 발견 가운데 가장 주목할 만한 것이며, 직관에 가까운 통찰이라고도 할 수 있다.

그 과정은 이러했다. 완전치 않은 광학 장비와 자신의 시력에 의지하여 허셜은 자신이 관측한 별들의 고유운동을 깊이 생각하고 또 생각했다. 그러던 중 그는 그 모든 움직임 속에서 일종의 통일된 경향을 발견했다. 제각각의 불규칙성과 개별적 차이 속에서도, 하늘의 한쪽에서는 별들이 전체적으로 서로 멀어지는 듯 — 아주 천천히 벌어지는 듯 — 보였고, 반대쪽에서는 평균적으로 서로 가까워지는 듯 — 약간씩 모여드는 듯 — 보였다. 그리고 이 두 방향에 직각인 방향에서는 별들이 대체로 서로 간의 보통 거리 관계를 유지하는 것처럼 보였다.

그렇다면, 서로 아무 관련도 없어 보이는 저 수많은 별들이 이처럼 일정한 방식으로 움직이는 것처럼 보인다는 사실에서 어떤 결론을 얻을 수 있을까? 분명 그 움직임의 일부는 실제가 아니라 겉보기 운동이라는 뜻이다. 즉, 움직이고 있는 것은 우리라는 것이다.

평평한 초원을 가로질러 이동할 때, 사방을 둘러싼 숲 가장자리를 보면, 진행 방향의 나무들은 벌어지듯 퍼져 보이고, 뒤쪽의 나무들은 서로 가까워지는 것처럼 보일 것이다. 허셜이 별들 사이에서 발견한 현상도 바로 이와 같은 종류의 겉보기 운동이었다. 특히 헤라클레스자리 부근에서 벌어지는 듯한 현상이 가장 두드러졌다.

따라서 결론은 명확했다.

태양은, 태양계 전체를 이끌고, 헤라클레스자리의 한 지점을 향해 꾸준히 움직이고 있다.

현대의 가장 정밀한 연구조차도 허셜의 이 결론을 거의 더 나아지게 만들지는 못했다. 언젠가는 태양계가 다른 거대한 천체를 중심으로 공전한다는 사실이 밝혀질지도 모르지만, 그것이 무엇인지는 아무도 알지 못한다. 지금 우리가 알고 있는 것은 단 하나 — 태양계가 향하고 있는 그 장엄한 운동의 방향이며, 그것은 발견된 이후로 지금까지 변함없이 유지되고 있으며, 앞으로도 수천 년 동안 계속될 것으로 보인다는 것이다.

그리고 마지막으로, 성운들에 대해서. 이 신비로운 대상들은 허셜에게 강한 매력을 불러일으켰고, 그는 성운에 관해 여러 가지 추측을 펼쳤다. 한때 그는 모든 성운을 별무리로 보았고, 우리 은하수를 우리의 성단으로 여겼다. 다른 성운들은 거의 무한히 먼 또 다른 우주라고 생각했으며, 그는 우리 우주 — 곧 태양들의 집합인 은하수 — 의 형태를 가늠하고 추정하려고 시도했다. 그러나 나중에는 성운들을 막 태어나고 있는 태양들, 아직 형성되기 전의 태양계로 그려 보았다. 어떤 성운은 이미 응집을 시작한 상태로, 어떤 성운은 여전히 빛나는 기체로 생각했다.

그는 하늘을 정원에 비유했다. 정원에는 성장 단계가 다른 온갖 식물들이 있다. 어떤 것은 막 싹이 트고, 어떤 것은 잎이 나

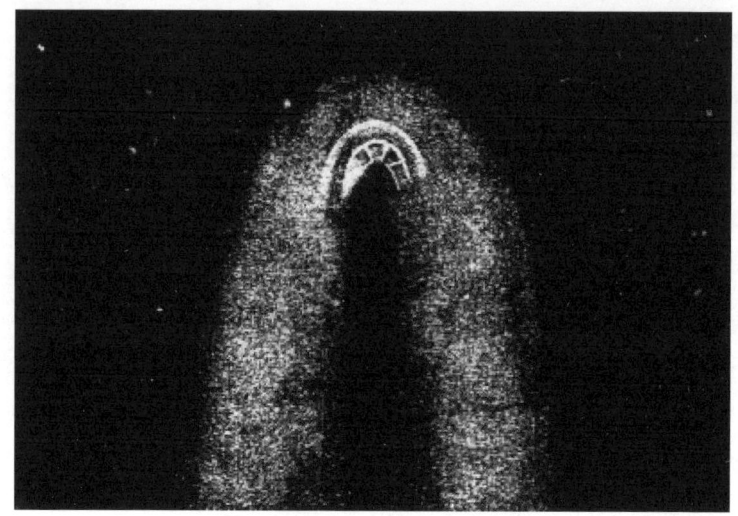

그림 9 안드로메다 성운의 오래된 그림

고, 어떤 것은 꽃이 피고, 또 어떤 것은 열매를 맺으며, 어떤 것
은 시들어 간다. 그리고 우리는 이 정원을 한눈에 바라보는 것
만으로도 식물의 전 생애를 모두 볼 수 있다.

　허셜은 하늘도 이와 같다고 생각했다. 어떤 세계는 늙었고,
어떤 세계는 죽었으며, 어떤 세계는 젊고 활력이 넘치고, 또 어
떤 세계는 막 형성되고 있는 중이라고 보았다. 성운은 바로 이
런 마지막 부류에 속하며, 성운(星雲)과 같은 별들은 응축이 더
진전되어 태양이 되어 가는 다음 단계라고 여겼다.

　이렇게 단순한 관측만으로도 그는 라플라스의 성운설과 매우
비슷한 생각에 이르게 된다. 이러한 그의 견해가 참이든 거짓이

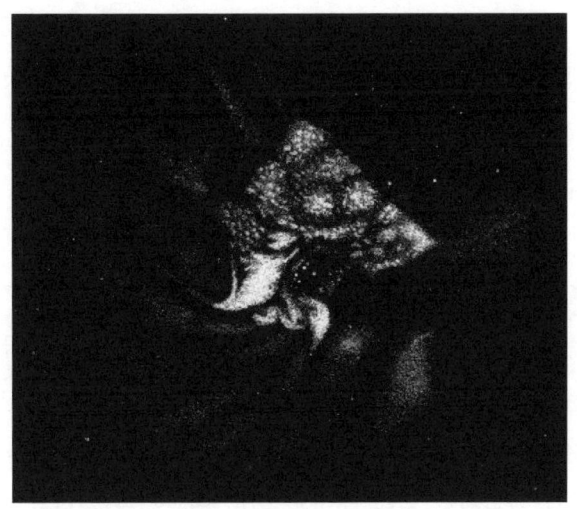
그림 10 오리온 대성운

든, 본질적으로는 오늘날에도 받아들여지는 것과 크게 다르지
않다.

우리는 이제 많은 성운이 무수히 많은 개별 입자로 이루어져
있으며, 기체라고 불러도 좋을 만하다는 사실을 알고 있다. 또
그중 일부는 회전 운동을 하고 있다는 것도 알고 있다. 이러한
기체가 외부 간섭 없이 스스로 놓여 있을 경우, 식어 가면서 서
서히 응축되고 수축하여 중앙에 고체 핵을 형성한다는 것 역시
알고 있다. 그리고 만약 그 기체가 회전하고 있다면, 스스로의
일부를 고리 형태로 떼어내게 되고, 이 고리들이 다시 행성으로
분해될 수도 있다. 우리가 잘 알고 있는 두 경우 ― 소행성대와

토성의 고리 — 에서는 이 고리가 아직 행성이나 위성으로 응집되지 않은 상태로 남아 있다.

이 모든 사실은 허셜 시대에는 단정할 수 없었고, 더 많은 정보가 세상에 쌓이기를 기다려야 했다.

이것들은 현대 천문학의 과제들이다 — 그리고 여기에 더해, 지난 한 세기 동안, 아니 지난 30~40년 동안, 더 나아가 최근 10여 년 사이에 생겨난 수많은 문제들이 있다. 내가 지금 이 글을 쓰는 바로 이 순간에도 새로운 발견들이 발표되고 있으며, 그 발견들은 이전의 생각들을 강하게 뒷받침해 주고 있다.

은하수는 실제로 우리 태양과 어떤 연관성을 지니는 듯 보인다. 또한 오리온자리의 주요 별들은 또 하나의 '가족'을 이루고 있으며, 그 전부가 거대한 성운 속에 싸여 있다. 이 성운은 사진 촬영의 발달로 인해, 지금은 과거에 상상했던 것보다 훨씬 더 광대하다는 것이 드러났다.

이 모든 연구가 앞으로 어떤 결론에 이르게 될지는 알지 못한다. 그러나 한 가지는 확신한다. 우리가 상상할 수 있는 가장 거대한 우주관도, 우리가 그려볼 수 있는 가장 웅대한 우주의 구조도, 진실 앞에서는 반드시 빛을 잃고 작아지며 불충분한 것으로 드러날 것이라는 사실이다.

제4장

소행성의 발견

허셜의 시대까지 천문학적 관심은 태양계에 집중되어 있었다. 그 이후로 관심은 분산되었으며, 우리는 훨씬 더 먼 천체들로 관심을 집중하게 되었다. 그렇다고 태양계에 대한 흥미를 잃은 것은 아니었다 — 오히려 태양계에 대해 알면 알수록 더 많은 관심을 기울이게 되었다. 그러나 학문의 흐름을 제대로 따라잡으려면, 다양한 대상에 관심을 갖는 것이 필요하다. 때로는 태양계 — 행성과 그 위성들 — 에 주목해야 하고, 또 때로는 엄청나게 멀리 떨어져 있는 별들 사이로 시야를 확장해야 한다.

　　케플러는 행성들의 배열, 즉 행성들이 공간에서 어떤 순서로 놓여 있으며 태양으로부터 각각 얼마나 떨어져 있는지에 대해 추측했다. 또한 행성 궤도에 내접·외접하는 다섯 개의 정다면체에 관한 기발한 가설도 제시했었다.

　　그러나 이러한 어설픈 일치들은 우연에 불과했으며, 케플러는 진정한 법칙을 발견하지 못했다. 오늘날에도 완전히 만족스러운 법칙은 알려져 있지 않다. 그럼에도 성운설 혹은 그와 비슷한 어떤 것이 사실이라면, 비록 매우 복잡한 형태일지라도, 언젠가 반드시 발견될 법칙이 존재할 것임은 분명하다.

하지만 경험적 관계식 한 가지는 알려져 있다. 이 관계식은 타티우스(Titius)가 처음 제안했고, 베를린의 보데(Bode)가 1772년에 발표한 것으로, 오늘날까지 보데의 법칙(Bode's law)이라 불린다.

보데의 법칙은 다음과 같다.

각 행성의 태양으로부터의 거리는 바로 안쪽에 있는 행성의 거리의 거의 두 배가 되지만, 특히 안쪽 행성들에서는 이 증가 비율이 그보다 느리게 나타난다. 따라서 적절한 등비수열에 일정한 값을 더하면 행성들의 실제 거리와 보다 잘 맞아떨어진다는 것이다.

예를 들어, 다음과 같은 두 배씩 증가하는 수열을 만든다.

1.5, 3, 6, 12, 24, …

여기에 각각 4를 더하면, 태양으로부터의 연속된 행성들의 상대적인 거리를 비교적 잘 나타내는 수열을 얻게 된다. 다만 수성(Mercury)에 해당하는 값은 꽤 부정확하며, 지금 우리가 알고 있는 바로는 가장 바깥쪽에서 해왕성(Neptune)에 대응하는 값 또한 정확하지 않다.

이것은 천왕성 발견 이후 실제로 유행했던 형태의 계산법이다. 그러나 등비수열의 첫 항을 0으로 두는 방식은, 수성의 거리를 맞추기는 하지만, 분명 온전한 방식이라고 할 수는 없다. 게다가 해왕성의 실제 거리는 지구의 약 30배에 더 가깝지, 38.8배에 가깝지 않다. 하지만 다른 행성들의 값은 상당히 잘 맞는다.

그런데 몇 년 뒤인 1781년, 천왕성이 태양으로부터 지구 거리의 19.2배 되는 지점에서 발견되자, 이 법칙은 큰 주목을 받게 되었고, 적어도 진리에 상당히 근접한 근사법으로 인정받을 만한 권리를 확보한 듯 보였다.

화성과 목성 사이의 공백은 오래전부터 알고 있었던 것이었고, 케플러는 거기에 맨눈으로는 보이지 않을 정도로 작은 가상의 행성 하나를 배치해 두었었다. 그런데 보데의 법칙이 제시되자 이 공백은 매우 중요한 문제로 떠올랐다. 그 중요성은 마침내, 지난 세기 말경 열정적인 독일인 폰 자흐(von Zach)가 직접 '있어야 할 이 행성'을 찾아보려 시도한 뒤, 관측 천문가들로 구성된 위원회를 조직하기에 이르렀을 정도였다. 그는 이 위원회를 스스로 '천문학적 경찰'이라 부르며, 실종된 태양의 피조물을 체계적으로 탐색하는 일을 시작하게 했다.

1800년에 준비 작업이 마무리되었다. 황도 근처의 하늘을 스물네 구역으로 나누고, 각 구역을 한 명의 관측자에게 맡겨 차

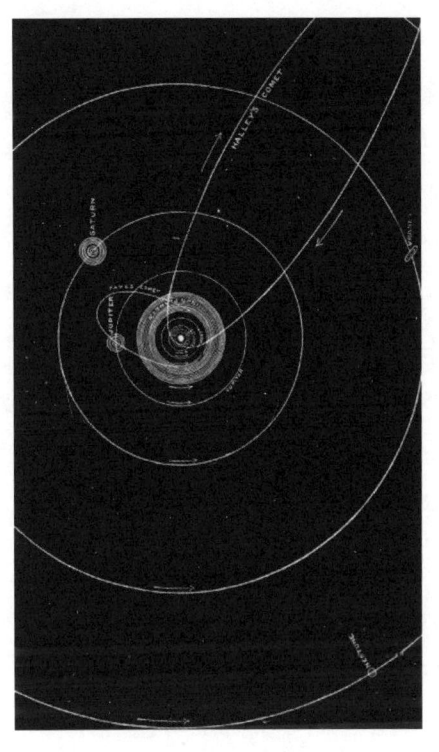

그림 11 행성 궤도

목성과 화성 사이의 소행성대 영역
표시.(위성 궤도는 과장되어 있음.)

례로 관측하게 한 것이다. 그런데 독일에서 이런 계획이 진행되고 있다는 사실을 전혀 모른 채, 그리고 이 위원회와도 아무 관련 없이, 시칠리아의 조용한 천문학자인 피아치(Piazzi)는 별 목록을 만드는 작업에 몰두하고 있었다. 그는 이전 목록에 실제로는 존재하지 않는 별 하나가 올라 있는 오류를 발견했고, 이 오류 때문에 황소자리의 한 구역에 관심을 기울이게 되었다.

관측을 이어가던 중, 1801년 1월 1일 그는 작은 별 하나를 눈

여겨보게 되었는데, 다음 날 저녁에 그 별이 조금 이동한 것처럼 보였다. 그는 연이어 여러 날 동안 그 대상을 주의 깊게 관찰했고, 1월 24일이 되자 그것이 더 이상 별이 아니라 움직이는 어떤 천체라는 확신을 갖게 되었다. 그는 아마도 혜성일 것이라고 생각했다. 그 물체는 매우 희미하여 8등성에 불과했다. 그는 자신이 관측한 내용을 두 명의 천문학자(그중 한 명은 보데)에게 편지로 알렸다. 피아치는 2월 11일까지 관측을 계속했으나, 병이 나 더 이상 관측을 이어갈 수 없게 되었다.

그의 편지는 3월 말이 되어서야 수신자들에게 도착했다. 보데는 편지를 받자마자 이것이 바로 그동안 찾고 있던 '사라진 행성'임에 틀림없다고 직감했다. 그러나 안타깝게도 그는 그 추정을 직접 확인할 수 없었다. 그 천체가 태양에 너무 가까이 가버려 더 이상 관측할 수 없게 되었기 때문이었다. 9월이 되어야 다시 시야에 들어올 가능성이 있었지만, 그때가 되면 이미 어디로 이동했는지 전혀 알 수 없어, 마치 처음부터 관측된 적이 없는 천체처럼 다시 처음부터 찾아야 하는 상황이 될 것이었다.

수학 천문학자들은 피아치가 남긴 관측 기록만으로 그 천체의 궤도를 계산하려 했지만, 관측 지점이 너무 적고 서로 지나치게 가까운 시점에서 이루어졌다는 점이 치명적이었다. 마치 서로 거의 붙어 있는 세 점만 가지고 전체 곡선을 결정해야 하는 상황과도 같았다. 이론적으로는 세 번의 관측이면 충분해야 하지만, 관측 시점 사이의 간격이 너무 좁으면 그 세 점만으로 궤도의 전체 성질을 재구성하는 일은 극도로 어려워진다. 실제로 계산을 시도한 결과는 모두 서로 달랐고, 그 어느 것도 실질적인 도움이 되지 못했다.

결국 이 난관은 뜻밖에도 아주 다행스러운 결과를 낳았다. 그 덕분에 독일이 낳은 가장 위대한 수학자, 어쩌면 역사상 가장 위대한 수학자 중 한 사람인 가우스(Gauss)가 세상에 알려지게 된 것이다. 당시 스물다섯 살에 불과했던 그는 개인 교습으로 생계를 잇고 있었고, 이미 여러 강력한 수학적 기법을 고안해 놓고도 아직 발표하지 못한 상태였다(그중 하나가 오늘날 '최소제곱법'으로 알려진 방법이다).

가우스는 이 기법들을 피아치의 관측 자료에 적용해 궤도를 계산할 수 있었고, 그 행성이 그해 말 어느 위치에서 다시 관측될지를 예측해냈다. 그해 12월 31일, 가우스가 예측한 지점 근처에서 폰 자크(von Zach)가 그 천체를 재발견했고, 다음 날 저녁에는 올베르스(Olbers)도 다시 찾아냈다. 피아치는 이 새로운 천체에 시칠리아의 수호 여신 이름을 따 '세레스(Ceres)'라 명명했다.

가우스가 계산한 태양으로부터 세레스의 거리는 지구 거리의 2.767배였다. 보데의 법칙은 그 값을 2.8로 예측하고 있었으니, 의심할 여지없이 보데가 예상했던 바로 그 '사라진 행성'이었다.

하지만 세레스는 지름이 고작 150~200마일에 불과한, 발견 당시까지 알려진 천체 중 가장 작은 축에 속하는 존재였다. 공전 방향은 다른 행성들과 같았지만, 궤도면은 황도면에서 10도나 기울어져 있었는데, 이는 행성치고는 이례적으로 큰 기울기였다.

곧이어 더 놀라운 발견이 뒤따랐다. 올베르스는 세레스를 찾는 동안, 세레스가 있을 것으로 예상되는 하늘 구역을 꼼꼼히 도표로 기록해 두었는데, 1802년 3월, 그 위치에서 이전에는 보지 못했던 별 하나를 발견했다. 그는 두 시간 만에 이 별이 움직이고 있음을 알아차렸고, 한 달 뒤 자신의 관측 기록을 가우스에게 보냈다. 가우스는 곧바로 궤도를 계산해 회신했다.

그 결과는 놀라웠다. 새로 발견된 천체의 태양 거리 역시 세레스와 마찬가지로 지구의 2.67배였으며, 크기는 조금 더 작았다. 그러나 궤도는 이심률이 매우 컸고, 궤도 평면은 황도면에서 34.5도나 기울어져 있었다. 이는 그동안 알려진 행성들에서는 볼 수 없던 엄청난 경사였다.

이 천체는 팔라스(Pallas)라는 이름을 얻었다.

올베르스는 즉시, 이 두 행성이 더 큰 행성이 부서져 생긴 조각들일 것이라고 추측했고, 다른 조각들도 있을 것이라 생각하여 더욱 열심히 하늘을 살피기 시작했다.

그리고 2년 뒤, 세레스와 팔라스가 지나가는 하늘 구역을 도표로 작성하는 과정에서 또 하나의 작은 천체가 발견되었다. 그것은 세레스나 팔라스보다 더 작았으며 유노(Juno)라는 이름이 붙었다.

1807년, 올베르스의 끈질긴 탐색은 또 하나의 발견으로 이어졌다. 이번에 찾은 천체는 궤도 경사가 매우 컸으며, 가우스는 이 천체에 베스타(Vesta)라는 이름을 붙였다. 베스타는 앞서 발견된 소천체들보다 크기가 커서 지름이 약 500마일에 이르고, 밝기는 6등성 정도로 보인다.

이 시점까지 오면서 가우스는 이러한 어려운 계산에 매우 숙달되어 있었고, 올베르스로부터 관측 자료를 받은 지 불과 열 시간 만에 베스타의 완전한 궤도를 계산해냈다.

올베르스는 수십 년 동안 큰 행성의 파편이라고 믿었던 이러한 작은 천체들을 찾기 위해 끈질기고도 성실한 탐색을 계속했다. 그러나 그의 인내는 결국 보상을 받지 못했고, 그는 더 이상 새로운 천체를 보거나 소식을 듣지 못한 채 1840년에 세상을 떠났다.

그러나 1845년, 독일에서 또 하나의 천체가 발견되었고, 불과 몇 주 뒤에는 영국의 힌드(Hind)가 두 개를 더 발견했다. 그 후로는 마치 끝이 없는 듯한 새로운 발견들이 이어졌고, 특히 미국에서는 피터스(Peters)와 왓슨(Watson) 교수가 소행성 탐색을 전문으로 하여 지금까지 약 100개에 이르는 천체를 직접 발견했다.

베스타(Vesta)가 이들 중 가장 크며, 그 표면적은 러시아와 스페인을 제외한 중유럽 전체와 비슷하다. 반면 지금까지 알려진 가장 작은 소행성은 지름이 약 20마일에 불과하여, 표면적은 켄트(Kent) 지방 정도에 지나지 않는다. 이들을 전부 합쳐도 그 부피는 지구에 한참 못 미친다.

이 천체들이 우리에게 흥미로운 이유는 바로 그 기원에 관한 문제 때문이다. 과연 이 소행성들은 한때 하나의 큰 행성이었다가 파괴된 잔해일까? 아니면 행성으로 완전히 형성되지 못한 것일 뿐일까?

이 문제는 아직 완전히 해결되지 않았지만, 현시점에서 학자들의 견해가 강하게 기울고 있는 방향은 분명히 말할 수 있다.

지구 둘레를 타원 궤도로 도는 포탄이 있다고 상상해보자. 이 포탄이 어느 순간 폭발했다고 해도, 그 파편 전체의 질량중심은 폭발 이전과 똑같은 경로, 즉 포탄의 중심이 지나던 궤도를 아무런 방해도 받지 않고 그대로 계속 돌아 원래의 공전 궤도를 완주하게 된다. 개별 파편들은 서로 다른 초기 속도의 영향을 받기 때문에 각자 서로 다른 타원 궤도를 그리게 되겠지만, 그 궤도들 역시 모두 단순한 타원이므로 결국 모두 폭발이 일어난 지점, 즉 출발점으로 되돌아오게 된다.

따라서, 만약 소행성대에 속한 천체들이 모두 주기적으로 한 지점을 통과하고 있다면, 폭발한 어떤 행성의 잔해라고 주저 없이 단정할 수 있을 것이다. 하지만 실제로는 전혀 그렇지 않다. 이 소행성들의 궤도는 특정한 지점으로 모이지 않으며, 태양으로부터 지구까지의 거리 — 약 9,200만 마일 — 와 맞먹을 정도로 넓게 퍼져 있는 광대한 띠 영역 전체에 흩어져 있다. 이처럼 그 기원을 암시해줄 만한 어떠한 규칙성도 보이지 않기 때문에, 이 소행성들이 '폭발한 행성의 잔해'라는 생각은 받아들이기 어렵다.

그러나 가상의 그 포탄 조각들이 아주 긴 세월 동안 외부의 영향 없이 그대로 방치되어 있었다면, 서로 주고받는 미세한 섭동 때문에 처음과는 다른 궤도 배열로 변했을 가능성도 있다는 점은 인정해야 한다. 다만 그 섭동은 극히 미약했을 것이고, 게다가 라플라스의 이론에 따라 각 조각이 단단한 고체였다면 그런 변화는 주기적 변화에 그쳤을 것이다.

소행성들은 한때 단단하지 않은 상태였을 가능성이 크기 때문에, 어떤 변화가 일어났을지 단정하기는 어렵다. 그러나 현재의 소행성 배치가 어떤 폭발 사건에서 유래했다는 증거는 전혀 없으며, 설령 그런 폭발이 있었다 하더라도 지금의 모습이 되기까지는 상상을 초월하는 긴 시간이 흘렀음이 분명하다.

소행성들은 결코 하나의 큰 천체였던 적이 없고, 태양계가 수축해 내려오면서 특정 지점을 지날 때 떼어져 나온 구름 모양의 고리가 남긴 잔해일 가능성이 훨씬 높다. 목성과 그 위성들을 만들어낸 거대한 분리 이후에 생겨난 작은 고리였으며, 이 고리는 몇 개의 큰 천체로 뭉치지 못한 채 수많은 작은 덩어리들로 응집되었다는 것이다. 이런 현상은 태양계에서 특별한 일도 아니다. 토성 주위에도 비슷한 고리가 존재한다.

겉보기에는 토성의 고리가 커다란 원반처럼 보이지만, 중력 이론에 따르면 그러한 고체 고리는 안정될 수 없으며, 결국에는 균형을 잃고 행성 본체로 기울어져 떨어지게 된다는 점을 쉽게 증명할 수 있다.

여러 가지 방안들이 제안되기도 했다. 예컨대 위성처럼 작용하여 안정성을 유지하도록 계산된 불규칙성을 교묘하게 배치하는 방식 같은 것들이다. 그러나 이런 시도들은 실제로는 모두 효과가 없다. 고리를 유체로 상상하는 것도 해결책이 되지 않는다. 그렇게 되면 고리들 역시 서로를 파괴하게 될 것이다.

클러크 맥스웰(Clerk Maxwell)은 고리가 어떤 물질로 이루어져 있을 때 역학적으로 안정될 수 있는가에 대해 탁월한 솜씨로 모든 가능한 가설을 분석했다. 그의 결론은 단 하나였다. 토성의 고리는 각각이 독립된 궤도를 도는 무수한 개별 입자들로 구성되어 있을 때에만 안정될 수 있다. 실제로 토성의 고리는 매우 밀집된 작은 소행성대이며, 태양계의 소행성들도 그 기원에 있어 이와 크게 다르지 않다고 볼 만한 이유가 충분하다. 성운설은 이 두 경우 모두를 자연스럽게 설명해 준다.

토성의 고리를 이루는 입자들이 서로 맞물리며 움직이는 방식은 실로 아름다우며, 맥스웰은 이를 놀라울 만큼 완전하게 해명하고 서술해 놓았다. 그의 논문은 1856년의 '애덤스 상 수상 논문(The Adams Prize Essay)'으로 선정되었다. 심사위원 중 한 사람이었으며 당시 천문관장이었던 조지 에어리(George Airy)는, 이 논문을 두고 '내가 본 것 가운데 수학을 물리학에 적용한 사례 중 가장 주목할 만한 것 중 하나'라고 평했다.

토성 고리 전체를 이루는 영역에는 여러 개의 뚜렷한 고리가 겹겹이 존재하며, 이들은 서로의 운동에 간섭을 일으킨다. 그 결과 고리들은 서로 조화를 이루며 잔물결처럼 일렁이고 파동을 만든다. 이렇게 생겨나는 파동이 서로 간섭으로 인한 효과를 흡수하여, 만약 누적된다면 전체 구조의 지속성을 위협했을 교란이 쌓이지 않도록 막아 준다.

중력 섭동과 입자들 사이의 충돌이 미치는 유일한 효과는, 시간이 지나면서 고리 전체가 점차 퍼져나가 바깥지름은 커지고 안쪽 지름은 줄어드는 변화뿐이다. 그러나 만약 고리들이 회전하는 공간에 어떤 형태로든 마찰 저항이 존재한다면, 매우 느리게 다른 변화들도 일어날 것이며, 이러한 변화는 관심을 가지고 관측해야 할 현상이다.

맥스웰이 이러한 입자 집합의 운동을 분석하고 서술한 방식은 지극히 완전하고 치밀하며, 고리가 안정되기 위해서는 입자들이 왜 반드시 그런 방식으로 움직여야 하는지를 보여주는 그의 논증은 압도적이다. 그래서 케임브리지에서는 '맥스웰은 어느 날 저녁 직접 토성을 방문해 그 자리에서 관측하고 온 것'이라는 농담이 돌 정도였다.

제5장

베셀

— 별까지의 거리와 별을 도는 행성의 발견

⋮

이제 잠시 태양계를 떠나, 윌리엄 허셜의 시대 이후에 전개된 항성 천문의 역사를 간략히 살펴보기로 하자.

인간이 생각하는 하늘의 모습을 허셜이 얼마나 극적으로 바꾸어 놓았는지 기억할 것이다. 그는 별들이 결코 '고정되어' 있지 않으며, 겉보기 변화뿐 아니라 실제로도 온갖 방향으로 움직이고 있음을 밝혀냈다. 그럼에도 불구하고 별들은 너무나도 멀리 떨어져 있어, 우리가 옛 바빌로니아 점성가들의 시대나 노아의 시대까지 거슬러 올라가 관측한다 해도 하늘은 지금 우리가 보는 모습과 거의 똑같이 보였을 것이다. 수세기에 걸친 변화조차도 정교한 장비 없이는 전혀 감지할 수 없다. 따라서 실용적인 관점에서 별들은 여전히 '항성(恒星)'이라 불러도 무방하다.

별들의 거리가 엄청나게 멀다는 것을 보여주는 또 하나의 사실이 있다. 태양계의 어느 행성에서 바라보더라도 하늘의 모습은 거의 똑같다는 점이다. 화성이나 목성, 토성, 천왕성에 사는 상상 속의 존재들 역시 우리가 보는 것과 정확히 같은 별자리를 보게 될 것이다. 이렇게 생각하면 태양계 전체의 크기조차 한 점으로 줄어들 만큼 미미해진다.

그리고 별들의 관점에서 보면, 우리 태양계의 그 어떤 행성도 보이지 않는다. 보이는 것은 태양뿐이며, 그것도 그저 다른 별들 사이에서 반짝이는 하나의 별 — 몇몇 별보다 밝지만, 대부분의 별보다 희미한 — 정도에 지나지 않는다.

태양도 별이다. 이 사실을 분명하게 이해하고 계속 기억하고 있어야 한다. 그러나 이 생각을 충분히 전달하기는 쉽지 않다. 때때로 나의 강연을 듣고 난 청중이 '강연자는 가장 크고 장엄한 별인 태양과 함께 여러 별들에 대해 설명했다'고 말하는 경우가 있다. 이것은 내 말의 요지를 완전히 오해한 것이다.

내가 '태양은 별 가운데 하나다'라고 할 때, 그 뜻은 태양이 다른 별들 중의 하나라는 뜻이다. 우리가 다른 별들에서 아주 멀리 떨어져 있듯이, 별들도 서로 멀리 떨어져 있다. 이들은 서로 밀집해 있을 필요가 전혀 없다. 단지 몇몇 별들은 쌍성계나 다중성계로 이루어져 있지만, 우리의 태양계는 그렇지 않을 뿐이다.

별자리들을 친숙하게 익히고, 그 별자리의 주요 별들도 어느 정도 익혀 두는 일은 매우 바람직하다. 별자리의 특징을 아무리 자세히 설명해도, 최소한 이름조차 익숙하지 않다면 그 설명은 지루하고 흥미로울 수 없다. 처음에는 누군가의 설명을 조금 듣고, 그다음에 밤하늘을 인내심 있게 관찰하면서 천구의나 별자리 지도를 텐트나 처마 밑에서 함께 살펴보는 방법이 아마 가장 수월할 것이다. '별자리일람표'라 불리는 형태의 별자리 지도가 특히 유용한데, 특정한 날짜와 시간에 실제로 하늘에서 보이는 별자리들만을 골라 보여줄 수 있기 때문이다. 그리고 그리스 문자 역시 누구나 반드시 익혀 두어야 한다.

과학을 가르치는 일이 점점 더 어려워지고 있는 데에는, 그리스 문자에 대한 최소한의 지식조차 없는 현대의 무지가 한몫하고 있다. 별들의 이름은 고대의 별자리 구분에서 비롯되며, 밝은 별들에는 그리스 문자를, 더 어두운 별들에는 숫자를 붙여 구분한다. 가장 밝은 별들 가운데 일부는 따로 아랍식 고유 이름도 가지고 있다.

가장 밝은 별들을 '1등성', 그 다음을 '2등성'이라고 부르는데, 이 등급 체계는 시간이 지나면서 기술적으로 매우 정밀해졌고, 그 사이 등급도 세분화되었다. 그래서 기존의 1등성보다 더 밝은 별을 0.5등성이나 0.6등성처럼 부르는 일이 생겨 다소 혼란스럽기도 하다. 망원경으로 보아야 겨우 보이는 작은 별들은 어떤 특정한 목록 속 번호로만 불리기도 하는데, 다소 재미없지만 충분히 기능하는 명명 방식이다.

여기 이 위도(緯度)에서 볼 수 있는 별들 가운데, 일반적으로

1등성으로 여겨지는 것들의 목록이 있다. 이 별들은 언제 보더라도 익숙하게 알아볼 수 있어야 한다.

별 Star	별자리 Constellation
시리우스(Sirius) —	큰개자리(Canis major)
프로키온(Procyon) —	작은개자리(Canis minor)
리겔(Rigel) —	오리온자리(Orion)
베텔게우스(Betelgeux)	오리온자리(Orion)
캐스터(Castor) —	쌍둥이자리(Gemini)
폴럭스(Pollux) —	쌍둥이자리(Gemini)
알데바란(Aldebaran) —	황소자리(Taurus)
아크투루스(Arcturus) —	목동자리(Bootes)
베가(Vega) —	거문고자리(Lyra)
카펠라(Capella) —	마차부자리(Auriga)
레굴루스(Regulus) —	사자자리(Leo)
알타이르(Altair) —	독수리자리(Aquila)
포말호트(Fomalhaut) —	남쪽물고기자리(Piscis Austrinus, Southern Fish)
스피카(Spica) —	처녀자리(Virgo)

알파 시그니(α Cygni, 데네브)는 1등성보다 약간 어둡다. 캐스

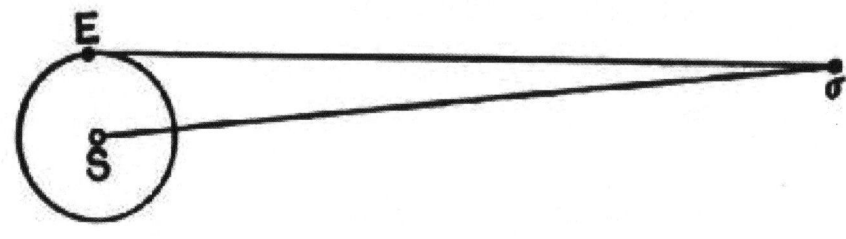

그림 12 시차 현상을 설명하는 도표

터(Castor)도 마찬가지다.

남쪽 하늘에서는 카노푸스(Canopus)와 알파 센타우리(α Centauri)가 밝기 면에서 시리우스 다음에 온다.

고정별까지의 거리는 늘 풀리지 않는 난제로 남아 있었고, 이를 해결하려는 시도는 무수히 많았다. 어느 정도 정확성을 갖춘 모든 방법은 코페르니쿠스가 밝힌 사실, 즉 6월의 지구가 12월의 지구 위치에서 1억 8천 4백만 마일 떨어져 있으며 전혀 다른 지점에서 하늘을 보게 되므로 별들의 배열과 모습도 약간 달라져야 한다는 점에 의존해 왔다. 이러한 겉보기 변화는 일반적으로 '시차(視差, parallax)'라 불리며, 별의 시차 즉, 연주시차(年周視差)는 지구 공전궤도의 반지름이 그 별에서 어떤 각도로 보이는가로 기술된다. 다시 말해, 그림 12에서 E가 지구, S가 태양,

σ가 별일 때, 별에서 보았을 때 지구 공전궤도의 반지름이 만드는 각 EσS, 이것이 기술적 의미에서의 '별의 시차'이다.

분명히, 별 σ가 더 멀리 있을수록 지구가 6월과 12월에 점하는 두 위치에서 그 별을 향해 그은 두 직선은 거의 평행에 가까워진다. 그리고 시차를 결정하기 어려웠던 이유가 바로 여기에 있었다. 관측이 정밀해질수록 두 선은 더욱 평행해지고, 그 결과 시차각이 워낙 작아서 관측 오차 때문에 플러스가 될 수도, 마이너스가 될 수도 있는 상황이 벌어졌다. 물론 음수의 시차는 말이 되지 않는 값이며, 이는 피할 수 없는 미세한 관측 오차 때문이라고 볼 수밖에 없었다.

오랫동안 시차를 구하기 위한 절대적 방법들이 시도되었다. 예를 들어, 별이 천정에 대해 차지하는 위치를 해의 다른 계절에 관측하는 방식이있다. 그리고 이러한 시도들은 여러 번 성공한 것처럼 보이기도 했다. 훅(Hooke)은 이런 방식으로 직녀성(Vega)을 관측해 시차가 30초각(30″)에 이른다고 생각했다. 플램스티드(Flamsteed)는 γ용자리(γ Draconis)에 대해 40초각을 얻었다. 로메르(Roemer)는 베가와 시리우스(Sirius)처럼 하늘에서 거의 정반대에 위치한 별들을 비교 관측하여, 지구 공전궤도의 크기로 인해 계절에 따라 별들이 겉보기 위치 변화를 보일 것이라는 기대 아래 진지한 시도를 했다. 그러나 이러한 겉보기 성공들은 모두 허상이었고, 그 실제 원인은 브래들리(Bradley)의 위대한 발견인 광행차(光行差, aberration of light)로 설명되었다.

브래들리의 발견 이후, 남아 있는 극도로 미세한 오차들을 다시 살필 수 있게 되었고, 별의 시차 문제는 피아치(Piazzi), 브링클리(Brinkley), 스트루브(Struve) 등에 의해 새 활력을 얻고 재도전되었다. 그러나 어떤 값이 얻어져도, 오랜 논의 끝에 기기의 노후나 점진적 마모, 혹은 다른 종류의 미세한 부정확 때문인 것으로 판명되곤 했다. 관측이 정밀해질수록 시차는 점점 0에 가까워졌고, 별들의 거리는 사실상 무한대에 가까워지는 셈이었다.

밝은 별들이 주로 연구 대상으로 선택된 이유는, 그들이 다른 별들보다 지구에 가깝다고 추정되었기 때문이다. 특히 베가는 천정 부근을 지나므로 대기의 굴절 변화라는 귀찮고 성가신 요인에서 가장 멀리 떨어져 있어 자주 사용되었다.

밝은 별이 더 가까울 것이라는 가정에서, 대략적인 거리 추정도 이루어졌다. 별의 밝기를 태양광과 비교하고, 별의 크기가 태양과 같다고 가정하는, 스스로도 불완전하다고 인정되는 방식이었다. 이런 방식으로 시리우스(Sirius)는 태양보다 14만 배 멀리 있어야 한다고 추정되었다. 지금 우리는 시리우스가 이보다 훨씬 멀리 있으며, 그만큼 훨씬 밝다는 것을 알고 있다. 아마 태양보다 밝기는 60배 정도 될 것이지만, 그렇다고 꼭 크기가

60배라는 뜻은 아니다. 그러나 태양과 같은 광도일 것이라고 가정할 때에도, 시차는 1.8초각 정도로 계산되었는데, 이는 절대 측정 방식으로 확정하기 매우 어려운 양이었다.

상대적인 방법 역시 사용되었는데, 그중 한 가지 방법은 갈릴레오가 처음 암시한 것으로 보이며, 윌리엄 허셜은 그 장점에 깊은 인상을 받아 이 방법으로 시차 문제를 본격적으로 해결해보려고 시도했다. 그 방법이란, 같은 시야에 들어오는 두 별을 선택해, 해마다 서로 다른 계절에 두 별 사이의 겉보기 각거리를 정밀하게 측정하는 것이었다.

세차(歲差, precession), 광행차(光行差, aberration), 장동(章動, nutation), 굴절(屈折, refraction) 등과 같은 모든 교란 요인은 두 별에 똑같이 작용하므로 서로 상쇄되어 제거된다. 만약 두 별이 태양계로부터 동일한 거리에 있다면, 상대 시차도 역시 소거되어 아무런 변화가 나타나지 않을 것이다. 그러나 두 별이 서로 다른 거리에 있을 가능성이 높으므로, 그렇다면 계절에 따라 두 별은 서로에 대해 약간씩 위치가 달라져 보일 것이다. 이 상대적 이동량을 관측할 수 있다면, 그것으로 두 별의 서로 간의 거리를 계산할 수 있다. 비록 이것이 어느 한 별의 지구로부터의 절대거리까지 알려주지는 못하더라도, 적어도 별들 사이의 거리를 밝히는 데 큰 진전이 될 수 있다. 이러한 방식은, 같은 시야 안에 있는 여러 별을 대상으로, 두 개씩 짝을 지어 반복 적용함으로써 더욱 확장될 수도 있다.

밝은 별과 어두운 별이 한 쌍으로 있는 경우 두 별의 거리가 서로 다를 가능성이 크므로, 이런 조합이 시차 탐색에 특히 적합했다. 그래서 허셜은 자신이 알고 있던 여러 쌍성(雙星, doublets) 가운데, 밝은 별 하나와 희미한 별 하나로 이루어진 쌍들을 골라 관측 대상으로 삼았다. 당시만 해도 이러한 한두 개의 별이 짝을 이룬 모습은 단순한 우연, 즉 시선 방향의 겹침에 의한 '광학적 이중성'으로 여겨졌고, 두 별이 실제로 가까이 있는 천체라고는 생각하지 않았다.

허셜은 두 별 사이의 상대 시차를 찾으려 했으나 그 목적에는 실패했다. 그러나 그 대신 중요한 사실을 발견했다. 그는 여러 쌍성들이 아주 느린 속도로 서로를 중심으로 공전하고 있다는 것이다. 즉, 일부는 우연히 겹쳐 보이는 '광학적 이중성'이 맞았지만, 다수의 경우 두 별은 실제로 서로 가까운 공간에 놓여 있으며, 서로를 중심으로 회전하는 진짜 쌍성계, 곧 두 개의 태양이 한 시스템을 이루고 있는 구조임이 밝혀진 것이다.

그러나 이렇게 시차를 구하는 상대적 방법, 즉 이웃한 별들이 들어 있는 시야를 미세 눈금 장치로 측정해 별들의 배열을 기록해 두었다가 여섯 달 뒤 다시 같은 시야의 배열과 비교하는 방식이야말로 결국 성공을 거두게 되는 방법이었다. 그리고 내가 알기로는 오늘날까지도 성공을 거둔 유일한 방법이다.

실제로 이 방법은 던싱크 천문대(Dunsink Observatory), 희망봉 천문대(Cape of Good Hope), 그리고 시차 관측을 수행하는 모든 천문대에서 표준 방식으로 사용되고 있다.

1830년대에서 1840년대 사이에 이 문제가 마침내 해결될 시점에 이르렀고, 오랫동안 무르익은 난제가 흔히 그렇듯 세 곳에서 거의 동시에 돌파구가 열렸다. 베셀(Bessel), 헨더슨(Henderson), 스트루베(Struve)가 거의 같은 시기에 신뢰할 만한 시차 값을 발표한 것이다.

그중에서도 가장 이른 발표자는 베셀이었고, 정확도 또한 압도적으로 높았다. 실질적으로 학계의 확고한 신뢰를 얻은 결과는 베셀의 것뿐이었으며, 공로는 당연히 그에게 돌아가야 한다.

그는 대부분 독학으로 공부한 인물이었다. 처음에는 회계 사무소에서 일을 시작했지만 사업을 버리고 천문학에 전념했다. 이런 불리한 여건에도 불구하고 그는 뛰어난 실용적 관측 기술을 지닌 천문학자이자 높은 수준의 수학자로 성장했다.

그는 독일 최초의 본격적인 대형 천문대인 쾨니히스베르크 천문대 건립을 감독하는 임무를 맡았고, 자신의 체계와 열정 그리고 탁월한 재능으로 그곳을 순식간에 매우 중요한 기관으로 만들어냈다.

도르파트의 스트루베, 쾨니히스베르크의 베셀, 희망봉의 헨더슨은 모두 새로 장비를 갖춘 천문대에서 같은 문제에 몰두하고 있었다. 그러나 러시아와 독일의 관측자들은 지금까지 등장한 광학자 중 가장 뛰어났다고 할 수 있는 인물, 뮌헨의 프라운호퍼(Fraunhofer)의 업적 덕분에 유리한 위치에 있었다. 고아로 자라 거울 제조공에게 견습으로 들어가 어린 시절 큰 고생과 결핍을 겪었지만 그는 이에 굴하지 않고 스스로 길을 열어 나갔고, 결국 뮌헨의 망원경 제작 회사에서 광학 부문 책임자가 되었다. 그곳에서 그는 스트루베를 위해 지금도 사용되고 있는 유명한 '도르파트(Dorpat) 굴절망원경'을 제작했고, 베셀을 위해 '쾨니히스베르크 헬리오미터(Konigsberg heliometer, 太陽儀)'를 설계했다. 그는 또한 태양 스펙트럼에 대해 매우 정교한 연구를 수행하여 자신의 이름을 영원히 남겼다. 그러나 어린 시절의 시련으로 건강이 크게 손상되어, 더 크고 중요한 광학적 성취를 계획하던 중 서른아홉의 나이로 생을 마쳤다.

절대 위치를 결정하는 데 가장 정밀한 기구가 자오환(子午環)이라면, 헬리오미터는 상대적 위치를 측정하는 데 가장 정밀한 천문 관측 장비이다. 이 기구는 대구경 적도의에 장착된 망원경으로, 대물렌즈를 가로로 절단하여 두 조각으로 만든 뒤, 두 조각이 서로 미끄러지듯 지나가도록 이동할 수 있게 되어 있다. 이 두 절반이 얼마나 어긋나 있는지는 매우 정교한 방식으로 판독되며, 편의성과 정확성을 높이는 다양한 부속 장치도 갖추고 있다. 그 목적은 소각(小角)이나 작은 거리를 측정하는 마이크

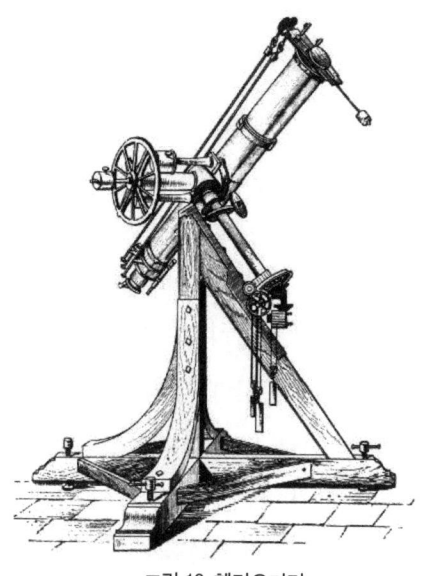

그림 13 헬리오미터

로미터 역할을 수행하는 데 있다.

대물렌즈의 양 절반은 각각 독립된 상(像)을 만들어내며, 필요에 따라 이 두 개의 상을 일치시키거나 서로 떨어뜨릴 수 있다. 쌍성의 구성 요소를 관측하는 경우라면, 일반적으로 각각의 별이 두 개의 상을 이루므로 총 네 개의 상이 보이게 된다. 하지만 정밀하게 조정하면 각 쌍에서 하나의 상이 서로 포개지도록 만들 수 있으며, 이때는 세 개의 상만 보인다. 바로 이 상을 포개기 위해 필요한 대물렌즈 절반의 이동량을 읽어내면 된다. 이 조정은 극도로 높은 정밀도로 수행할 수 있으며, 가능한 모든 조건에서 반복해 조정하면 두 구성 성분 사이의 각거리를 매우 정확하게 결정할 수 있다.

베셀은 이 훌륭한 기구를 별의 시차 문제에 적용하기로 결심했고, 먼저 성공 가능성이 가장 높은 별의 종류를 신중히 검토하는 일부터 시작했다. 그동안은 가장 밝은 별들이 주로 관측 대상이 되었으나, 베셀은 고유운동의 빠르기가 거리 판단에 더 좋은 기준이 될 수 있다고 보았다. 두 기준 모두 거리의 절대적인 증거는 아니지만, 매우 밝거나 분명히 움직이는 별이 희미하거나 정지해 보이는 별보다 가까울 가능성이 크다는 점은 분명했기 때문이다. 이미 '밝기'라는 기준은 여러 차례 적용되었으나 성과가 없었으므로, 그는 다른 기준을 시험해 보기로 했다.

그는 이미 1792년 피아치가 백조자리에서 기록한 한 쌍성에 주목한 바 있었다. 이 별은 매년 5초의 호(arc)를 움직이는 고유운동을 보였으며, 이 운동 덕분에 61백조자리라는 이 망원경적 대상은 '날아가는 별'이라는 별명을 얻었다. 실제로는 1세기 동안 달 지름의 3분의 1 정도밖에 움직이지 않으므로 그 움직임이 눈에 띌 정도는 아니었지만, 당시 알려진 별 가운데서는 가장 빠르게 움직이는 별이었다.

베셀은 이 흥미로운 쌍성의 위치를 헬리오미터 시야 안에서 동시에 보이는 두 개의 다른 별과 비교했으며, 그 방법은 앞서 설명한 방식으로 1838년 한 해 내내 진행되었다. 그리고 그 해

마지막 달에 이르러 그는 아주 작지만 분명한 시차를 자신 있게 발표할 수 있었다. 그는 이를 방대한 세부 증거로 뒷받침했고, 이것은 천문학자들의 신뢰를 얻기에 충분했다. 그는 그 양을 3분의 1초라고 제시했으며, 현대 연구에 따르면 실제 값은 2분의 1초에 더 가까운 것으로 알려져 있다.

그 직후 스트루베는 베가의 시차가 4분의 1초라고 발표했지만, 이는 명백하게 너무 큰 값이었다. 헨더슨은 α 센타우리(당시에는 쌍성으로 여겨짐)의 시차를 1초라고 발표했는데, 이 값이 정확하다면 모든 별 가운데 가장 가까운 별이 되는 셈이었다. 그러나 지금은 그 결과가 실제보다 두 배가량 크게 나온 것으로 받아들여진다.

61백조자리의 거리를 알게 되었으므로, 우리는 그 이동 속도 — 적어도 시선 방향에 대해 횡단하는 속도 — 를 바로 계산할 수 있다. 그것은 하루에 약 3백만 마일을 조금 넘는 정도이다.

이렇게 대략적으로나마 성공적으로 측정된 반초(半秒)의 극히 작은 각도를 한번 생각해보자. 이는 2,000마일 떨어진 곳에서 26피트가 차지하는 각도이다. 가령 뉴욕에 세운 망원경을 영국의 어떤 집으로 향하게 한 뒤, 그 집의 방 한쪽 끝에 십자선을 맞추었다가 방의 다른 끝으로 옮기면, 망원경은 별의 시차 중 가장 큰 값인 반초만큼 회전한 셈이 된다. 다른 방식으로 말하면, 그 별이 뉴욕만큼 우리 가까이에 있다면, 같은 비례에서 태양은 아홉 걸음 떨어진 위치에 있게 된다. 26피트가 뉴욕까지의 거리에서 차지하는 비율은 9,200만 마일이 가장 가까운 항성까지의 거리에서 차지하는 비율과 같다.

어떤 전신(電信) 같은 수단을 마련해, 여기에서 뉴욕까지 0.1초 — 즉, 2인치 떨어지는 데 걸리는 시간 — 만에 이동할 수 있다고 가정해보자. 그런 수단이 있다면 달까지는 12초, 태양까지는 한 시간 반이면 도달할 것이다. 이렇게 계속 이동한다고 해도, 24시간이 지나야 태양계의 마지막 구성원을 뒤로하고 우주의 깊은 공간 속으로 들어가기 시작한다. 그 상태에서 다른 천체를 만날 때까지 얼마나 걸릴까? 한 달쯤 된다고 추측할까? 그처럼 엄청난 속도로도 가장 가까운 별에 도달하려면 20년이 걸리고, 또 다른 별을 만나려면 다시 20년이 더 필요하다. 이렇게 아득하게 떨어진 거리 속에 별들은 흩어져 있으며, 만약 그들이 태양처럼 스스로 빛을 내며 타오르는 존재가 아니었다면 결코 볼 수 없었을 것이다.

61백조자리를 '날아가는 별'이라고 부르기는 했지만, 그보다 더 빠르게 움직이는 별이 하나 더 있다. 그룸브리지 목록(Groombridge's Catalogue)의 1830번이라는 희미한 별이다. 이 별은 61백조자리보다 훨씬 더 먼 거리에 있음에도 거의 비슷한 속도로 움직이는 것이 관측된다. 실제 속도는 초당 약 200마일로, 이는 5천만 개의 별로 이루어진 전(全)가시 천구가 붙잡아 둘 수 있는 범위를 넘어서는 것이다. 그리고 만약 우주가 우리가 가장 강력한 망원경으로 보는 것보다 훨씬 더 크지 않다면, 또는 보이지 않는 비광성(非光星)들이 무수히 섞여 있지 않다면, 이 별은 이 세계에 잠시 들른 방문자일 수밖에 없다. 무한한 거리에서 와서 무한한 거리로 달려가는 중이며, 우리가 보는 이 우주를 지금 단 한 번, 처음이자 마지막으로 통과하고 있는 셈이다. 다시는 돌아오지 않을 것이다.

그러나 보이는 공간의 규모가 워낙 거대하기 때문에, 초당 200마일이라는 놀라운 속도로 움직이더라도 이 별이 현재의 망원경 시야에서 완전히 벗어나는 데는 2~3백만 년이 걸리고, 지금보다 눈에 띄게 희미해지는 데만도 수천 년이 걸릴 것이다.

우리가 보고 있는 별들이 전부라고 생각할 근거가 있을까? 다시 말해, 모든 천체가 눈에 보일 만큼 충분한 밝기를 지니고 있다고 가정할 이유가 있을까? 오히려 그 반대를 믿을 모든 이유가 있다. 태양계를 구성하는 천체 가운데 태양을 제외한 모든 천체는 둔탁하고 어둡다. 목성은 아마 아직도 붉게 달아올라 있을 가능성이 있지만, 그렇다 해도 스스로 빛을 내는 별과는 비교할 수 없다. 그렇다면 몇몇 별들도 어둡고 보이지 않을 수 있지 않을까?

베셀의 천재성은 바로 이 점을 간파했다는 것이다. 그는 미래의 천문학이 반드시 어둡고 보이지 않는 천체를 다루게 될 것이라고 일관되게 주장했고, '보이지 않는 것의 천문학'을 설파했다. 더 나아가 그는 두 개의 그런 어두운 천체가 존재한다고 예측했다. 하나는 시리우스의 동반성이고, 다른 하나는 프로키온의 동반성이었다. 그는 이 별들의 운동에서 특정한 불규칙성을 발견했으며, 이는 반세기 주기로 다른 천체 주위를 도는 운동에서 비롯된 것이라고 주장했다. 그는 1844년에 시리우스와 프로키온이 쌍성이지만 그 동반성은 크기는 상당함에도 어둡기 때문에 보이지 않는 별이라고 발표했다.

이 견해는 아무도 받아들이지 않았지만, 1851년에 미국의 피터스(Peters)가 그 가설이 시리우스의 이상한 운동을 정확히 설명하며, 실제로 동반성이 있어야 할 위치까지 정확히 제시한다는 사실을 발견하면서 상황이 달라졌다. 시리우스의 희미한 동반성은 이제 비록 한 번도 관측된 적은 없지만 존재가 인정되는 천체가 되었고, 시리우스를 약 50년 주기로 공전하며 크기는 시리우스의 절반 정도일 것으로 여겨지게 되었다.

1862년, 뉴욕의 앨번 클라크 앤드 선스(Alvan Clark and Sons) 공방은 훌륭한 18인치 굴절망원경을 완성해 가고 있었다. 그 시험 관측을 하던 중, 클라크의 아들이 시리우스를 바라보다가 '아버지, 저 별에 동반성이 있어요!'라고 외쳤다. 아버지 클라크도 직접 들여다보았고, 과연 밝은 별의 정동쪽에 이론이 요구한 바로 그 위치에 희미한 동반성이 있었다. 클라크 부자가 그 이론을 알고 있었던 것은 아니었다. 그들은 시력이 매우 뛰어나고 탁월한 기계 제작자였으며, 그 발견은 우연히 이루어진 것이었다. 일단 한 번 관측되고 나자, 세계의 여러 대형 망원경들에서도 그 별을 확인할 수 있음이 밝혀졌다.

이 동반성은 크기가 시리우스의 절반이지만, 밝기는 시리우스의 $1/10000$에 불과하다. 아마 일부는 시리우스의 빛을 반사해 빛나고, 일부는 자신의 둔탁한 열로 희미하게 빛나는 것일 것이다. 그것은 실제로 하나의 '행성'이지만, 아직은 너무 뜨거워 거주할 수 없다. 시간이 지나면 지구가 식었듯, 그리고 목성이 식어가듯 식어갈 것이며, 의심할 바 없이 충분히 거주 가능한 상태가 될 것이다. 이 동반성은 시리우스를 49.4년의 주기로 공전하는데, 이는 베셀이 제시한 값과 거의 정확히 일치한다.

하지만 베셀은 프로키온에도 어두운 동반성이 있다고 보았다. 이 동반성과 그 밝은 주성은 약 40년의 주기로 서로를 중심으로 공전하는 것으로 여겨지며, 비록 아직 누구도 그 모습을 직접 보지 못했지만 천문학자들은 그 존재를 완전히 확신하고 있다.

제6장

해왕성의 발견

⋮

이제부터 다루려는 것은 아마도 중력 이론이 거둔 업적 중 가장 위대하며, 가장 두드러진 승리일 것이다. 뉴턴이 달의 운동에서 관측된 사실들을 설명한 방식, 세차와 장동, 조석 현상을 밝힌 방식, 라플라스가 행성 운동의 모든 세부사항을 설명해낸 방식 — 이러한 성취들은 천문학자들에게는 이것들과 다름없이, 아니 어쩌면 더 놀랍고 경이로운 일로 보일 수 있다. 그러나 이 경우 설명되어야 할 사실들에 대해 일반 대중은 필연적으로 어느 정도 무지하기 마련이므로, 아무리 아름답고 완벽한 설명이라 해도 깊은 인상을 남기기 어렵고, 상상력을 자극하기도 힘들다.

그러나 집필실의 고독 속에서, 펜과 잉크, 종이 외에는 어떤 도구도 없이, 아직 한 번도 본 적 없는 헤아릴 수 없이 먼 세계를 예측하고, 그 궤도를 계산하며, 실제 관측자에게 '이런 방향을 향해 이런 시간에 망원경을 겨누어 보십시오. 지금까지 인류가 몰랐던 새로운 행성이 보일 것입니다'라고 말할 수 있었다는 사실 — 이것은 언제나 극적인 강렬함으로 상상력을 사로잡으며, 아무리 둔감한 사람이라도 관심을 불러일으킬 수밖에 없는 일이다.

과학에서 '예측'은 새로운 일이 아니다. 특히 천문학에서는 더욱 그렇다. 수천 년 전, 탈레스와 그 이름조차 전해지지 않는 이들도 일식과 월식을 어느 정도 확실하게 — 비록 대략적인 정확도에 머물렀지만 — 예측할 수 있었다. 그리고 많은 천문 현상들은 축적된 경험을 통해 미리 짐작하는 것이 가능했다. 예를 들어 비교적 근대에 들어와, 화성과 목성 사이의 간격을 통해 행성 하나가 빠져 있을 것이라는 의심이 제기되었고, 실제로 그것이 수백 조각으로 발견된 사례를 이미 살펴보았다. 또한 시리우스의 비정상적인 고유운동이 베셀에게 보이지 않는 동반성의 존재를 암시해준 사례도 보았다. 이러한 마지막 두 가지 사례는 해왕성 발견에 이르게 한 그것과 매우 비슷한 종류의 예측에 속한다고 할 수 있다.

그렇다면 어떤 차이가 있을까? 왜 어떤 종류의 예측 — 예컨대 불에 손가락을 넣으면 데게 된다는 따위 — 은 너무도 쉽고 일상적인 반면, 또 다른 종류의 예측은 가장 예리한 지성에게도 깊은 감탄을 불러일으키는 것일까? 그 차이는 주로 세 가지에 있다.

첫째, 그 예측이 어떤 근거 위에서 이루어졌는가 하는 점, 둘째, 그 예측을 성취하기 위해 필요한 탐구의 난이도, 셋째, 그 예측을 얼마나 완전하고 정확하게 검증해낼 수 있는가 하는 점이다. 이 모든 요소에서 해왕성의 발견은 과학사가 검증해낸 예측 가운데 단연 두드러지며, 그에 얽힌 상황들 또한 특별한 흥미를 자아낸다.

1781년, 윌리엄 허셜 경은 천왕성을 발견했다. 이제 여러분도 알고 있듯이, 한 행성의 궤도를 완전히 결정하는 데에는 서로 떨어진 시점에서 이루어진 세 번의 독립된 관측이면 충분하다. 가능한 한 먼 시차를 두고 관측하는 것이 미세하지만 피할 수 없는 관측 오차의 영향을 최소화하는 데 도움이 되기 때문이다. 따라서 천왕성이 발견되자마자, 과거의 항성 관측 기록들을 샅샅이 뒤져보게 되었다. 혹시 그 행성이 이전에 무심코 관측된 적이 있는지를 확인하기 위해서였다.

만약 이전에 관측되었다면, 당연히 별이라고 여겨졌을 것이다. 천왕성은 6등성 정도의 밝기로 빛나기 때문에, 정확히 어디에 있는지만 알고 시력이 좋다면 망원경 없이도 희미하게 볼 수 있다. 그러나 만약 그것이 별로 기록되었다면, 시간이 지나면서 제자리를 벗어나게 되어, 그 항목이 포함된 별자리 목록은 그 부분에서 오류를 포함하게 된다. 따라서 해야 할 일은 목록 속의 '오류'를 찾아내는 일이었다. 즉, 기록된 별자리 항목들을 조사해 실제로 그 별이 존재하는지, 아니면 그중 어떤 것이 사라졌는지를 확인하는 것이다.

만약 잘못된 항목이 발견된다면, 물론 필사 과정에서의 단순한 오류 때문일 수도 있다. 다만 이 분야에 쏟아진 주의를 고려하면 그 가능성은 매우 낮다. 또는 꼬리가 없는 혜성이나 다른 천체였을 수도 있으며, 혹은 새로 발견된 바로 그 행성일 수도 있었다.

다음 단계는 과거로 거슬러 올라가 계산해보고, 그 행성이 그 시기에 그 위치에 있었을 가능성이 있는지를 확인하는 일이었다. 이런 방식으로 조사해보니, 플램스티드(Flamsteed)의 관측 자료에서 그가 무심코 천왕성을 다섯 번이나 관측한 사실이 드러났다. 첫 번째 관측은 1690년으로, 허셜이 천왕성의 본모습을 밝혀낸 때보다 거의 한 세기 앞선 시점이었다. 그러나 더욱 놀라운 사실은 파리의 르모니에(Le Monnier)가 한 달 동안 이 별을 여덟 번이나 관측하고는 매번 서로 다른 별로 목록에 올려놓았다는 점이었다. 그가 관측 기록을 정리하고 서로 비교하기만 했다면, 허셜보다 12년 먼저 행성의 정체를 밝힐 수 있었던 것이다. 그러나 그는 그런 기회를 완전히 놓쳤다. 이 별은 브래들리도 한 차례 관측한 적이 있었다. 이렇게 해서 총 스무 번이나 관측되었음이 확인되었다.

플램스티드와 르모니에의 오래된 관측 기록은, 허셜 이후 이루어진 관측들과 함께 새 행성의 정확한 궤도를 결정하는 데 매우 유용했다. 이렇게 하여 그 운동은 완전히 파악된 것으로 여겨졌다. 물론 그 궤도가 완전한 타원일 수는 없다. 어느 행성도 정확한 타원을 그리며 움직이지 않기 때문이다. 모든 행성이 서로에게 미세한 교란을 일으키며, 이 작은 섭동들을 반드시 고려해야 한다. 그중에서도 특히 목성과 토성이 주는 영향이 압도적으로 크다.

한동안 천왕성은 계산된 궤도에 따라 규칙적이고 예상대로 움직이는 듯 보였다. 그러나 19세기 초가 되자 약간 어긋나는 모습을 보이기 시작했고, 1820년경에는 오래된 관측 기록을 바탕으로 계산한 위치와 실제 위치 사이에 분명한 차이가 나타났다. 처음에는 이 차이가 오래된 관측의 부정확성 때문이라고 여겨졌고, 따라서 그 옛 기록들은 제외한 채, 새롭고 더 정확한 관측만을 바탕으로 한 천왕성의 천문력이 작성되었다. 그러나 1830년이 되자, 천왕성은 이 새로운 표까지도 정확히 따르지 않는다는 사실이 분명해졌다.

오차는 약 20초각에 달했다. 1840년에 이르러서는 그 차이가 90초각, 즉 1분 반까지 커졌다. 이 불일치는 분명했지만 여전히 매우 작았기 때문에, 실제 천왕성과 이론적 천왕성이 동시에 하늘에 존재한다고 해도 맨눈으로는 둘을 구별할 수 없었을 것이며 하나의 별로만 보였을 것이다.

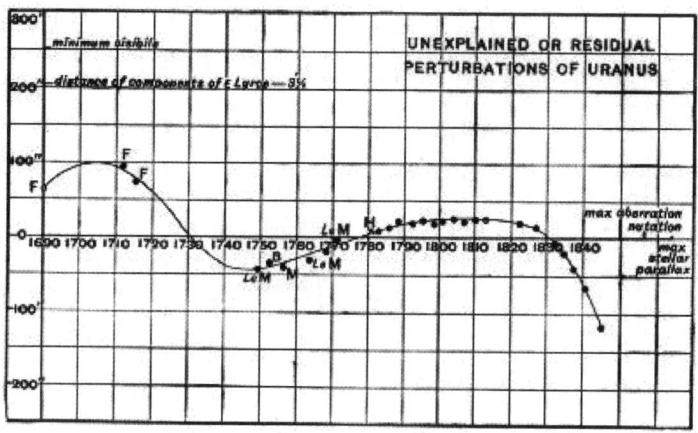

그림 14 천왕성의 교란

플램스티드와 르모니에 그리고 다른 관측자들의 우연한 관측 기록들이 이 도표에, 그리고 허셜이 행성의 성질을 밝혀낸 이후의 현대적 측정값들과 함께 표시되어 있다. 가로축에는 10년 단위의 눈금이 놓여 있고, 세로축의 높이는 관측된 황경과 이후에 계산된 황경의 차이 즉, 해왕성이 일으킨 주요 섭동을 나타낸다. 눈금의 규모를 보여주기 위해, 시간축으로부터 위로 측정한 여러 표준적인 값들도 함께 표시되어 있는데, 맨눈으로 감지할 수 있는 최소각, 광행차의 최대각, 장동의 최대각 그리고 항성시차의 최대각이다. 다만 마지막 항성시차는 너무 작아 제대로 표시하기 어렵다.

이 섭동들은 이러한 값들보다는 훨씬 크지만, 망원경 없이 볼 수 있는 범위와 비교하면 여전히 작은 편이다. 예를 들어, 시력이 매우 좋은 사람이라면 단순한 이중성으로 볼 수 있는 엡실론 거문고자리(ε Lyrae)의 쌍성 간격(210초각)은 가장 큰 섭동보다 두 배 정도 크다.

이 도표는 현재 우리가 알고 있는 지식을 바탕으로 모든 불규칙성을 표시한 것이다. 그리고 그 크기를 비교하기 위해, 맨눈으로 감지할 수 있는 최소한의 간격, ε 거문고자리 구성 성분 사이의 거리, 광행차 상수, 장동 상수, 항성시차 상수 등 몇 가지 표준적인 값들도 같은 축척으로 함께 배치되어 있다.

따라서 천왕성의 오차는 비록 작았지만, 이미 확실히 관측된 값들에 비하면 압도적으로 큰 것이었다. 이론과 관측 사이에는 분명하고도 부정할 수 없는 불일치가 존재했다. 분명 이 먼 행성에 어떤 원인이 작용하여, 중력 법칙에 따라 계산된 운동과 실제 운동이 어긋나게 만든 것이다. 이렇게 먼 천체에는 중력의 정확한 법칙이 적용되지 않는 것이 아닐까 추측하는 사람도 있었다. 또 다른 이들은 어떤 외부의, 알려지지 않은 천체 ─ 혜성일 수도 있고, 어쩌면 훨씬 더 먼 또 다른 행성일 수도 있는 ─ 가 존재하며, 그 천체가 천왕성을 끌어당기는 중력이 바로 이 모든 문제의 원인일 것이라고 생각했다. 다시 말해, 그 존재를 모르고 있었기 때문에 고려되지 않은 섭동이 있다는 뜻이었다.

그러나 이러한 생각이 천문학자들 사이에서 언급되기는 했어도 특별히 선호되거나 주목받지는 못했고, 그저 여러 그럴듯한 가설 중의 하나로만 여겨졌다.

정교하게 다듬어지지 않은 추측에 큰 중요성을 두지 않는 것은 지극히 옳다. 어떤 가설이 엄밀하게 계산되고 그 결과가 끝까지 추적되지 않은 상태에서는, 즉 그 가설이 어떤 현상을 질적으로만이 아니라 양적으로도 실제로 만들어낼 수 있음을 보여주기 전에는, 그 가설은 단순한 추측의 수준을 벗어날 수 없으며 이론이라는 지위를 얻지도 못한다. 그리고 그 이론이 실제 관측과 완전히 일치함으로써 검증되는 단계에 이르면 비로소 더 높은 수준에 이르게 된다.

이제 천왕성의 운동에서 나타난 오차, 즉 관측된 황경과 계산된 황경 사이의 불일치 — 목성과 토성 같은 알려진 모든 섭동 요인을 이미 고려한 뒤에도 남는 차이 — 는 다음과 같다. 아래 값들은 호턴(Haughton) 박사가 인용한 것으로, 초각 단위로 표시되어 있다.

¤ **고대의 관측**(항성으로 간주하고 우연히 이루어진 관측)

플램스티드Flamsteed

1690	+61.2
1712	+92.7
1715	+73.8
르모니에 Le Monnier 1750	−47.6
브래들리 Bradley 1753	−39.5
마이어 Mayer 1756	−45.7

르모니에 Le Monnier

1764	−34.9
1769	−19.3
1771	−2.3

¤ 현대의 관측

1780	+3.46
1783	+8.45
1786	+12.36
1789	+19.02
1801	+22.21
1810	+23.16
1822	+20.97
1825	+18.16
1828	+10.82
1831	−3.98
1834	−20.80
1837	−42.66
1840	−66.64

이 숫자들이 위의 도표(그림 14)에 표시된 값들이며, H는 행성이 발견되어 정규적인 관측이 시작된 시점을 나타낸다.

분명 그 행성에는 어떤 이상이 있었다. 태양으로부터 그렇게 먼 거리에서도 중력 법칙이 정확히 적용된다면, 이미 모두 고려되었던 알려진 섭동 이외에, 반드시 또 다른 섭동력이 작용하고 있어야 했다. 그렇다면 바깥쪽의 다른 행성일 수도 있을까? 이 질문은 여러 사람에게 떠올랐고, 한두 사람은 문제를 직접 풀어보려 시도하기도 했으나, 곧바로 계산의 엄청난 난이도 앞에서 작업을 중단할 수밖에 없었다.

일반적인 섭동 문제조차 이미 충분히 어렵다. 즉, 어떤 위치에 교란을 일으키는 행성이 있다고 주어졌을 때, 그것이 만들어내는 섭동을 계산하는 문제가 그것이다. 바로 이 문제를 라플라스가 《천체역학(Mecanique Celeste)》에서 다룬 바 있다.

그러나 주어진 섭동으로부터 그것을 일으키는 행성을 찾아내는 문제는 그때까지 아무도 본격적으로 다룬 적이 없었고, 그 가능성조차 상상한 사람 역시 극히 드물었다. 베셀은 1840년에 이 문제를 시도하기 위한 준비를 시작했지만, 치명적인 병으로 인해 작업을 이어갈 수 없었다.

1841년, 천왕성에 남아 있는 잔차섭동(殘差攝動)이 제기한 난제는 케임브리지 세인트존스 칼리지의 한 젊은 학부생의 상상력을 자극했다. 그의 이름은 존 카우치 애덤스(John Couch Adams)였고, 그는 졸업시험을 마치는 대로 이 문제에 도전하기로 결심했다.

1843년 1월, 그는 수학시험 최고득점자로 졸업했고, 곧바로 연구를 시작했다. 2년도 되지 않아 그는 하나의 명확한 결론에 도달했고, 1845년 10월, 그리니치의 왕립천문대장 에어리 교수에게 편지를 보내 천왕성의 섭동은 외부 행성의 존재를 가정하면 설명되며, 그 행성이 현재 특정한 위도와 경도에 위치해 있는 것으로 계산된다고 알렸다.

우리는 지금 알고 있듯, 왕립천문대장이 이 결과를 충분히 신뢰하여 대형 망원경을 애덤스가 지목한 지점으로 돌려 행성을 탐색하기 시작했다면, 실제 행성은 애덤스가 계산한 위치에서 불과 1.75도 떨어진 곳에서 발견되었을 것이다. 그러나 왕립천문대장의 위치에 있는 사람이라면 누구나 알겠지만, 거의 매일같이 야심만만한 누군가로부터 터무니없는 편지가 도착한다.

그 가운데는 영구기관을 발견했다는 사람도 있고, 원을 정사각형으로 만들었다고 주장하는 사람도 있으며, 지구가 평평하다는 것을 증명했다거나, 달의 구성 물질이나 에테르 혹은 전기의 본질을 밝혀냈다는 이들도 있다. 이런 온갖 잡동사니 속에서 실제로 가치 있는 보석 같은 내용을 골라내려면 엄청난 능력과 인내가 필요하다.

애덤스의 이 편지는 정말로 일급 보석 같은 내용이었고, 내가 앞에서 말한 잡동사니들과는 겉보기부터 확연히 달랐음이 분명하다. 그러나 문제는, 애덤스가 당시로서는 이름 없는 인물이었다는 점이다. 그가 수학 최우수 졸업자인 것은 사실이지만, 매년 한 명씩 배출되기 마련이며, 해마다 그들이 모두 일류의 수학자가 되는 것도 아니었다. 에어리 교수처럼 내부 사정을 잘 아는 사람들은 — 그 자신도 수학 최우수 졸업자였으므로 — 젊은이가 학위를 받을 때 붙는 이런 별칭이 대중이 흔히 생각하는 것만큼 그의 천재성과 능력을 보증하는 신뢰할 만한 지표가 못 된다는 사실을 잘 알고 있었다.

젊고 이름 없는 사람이 그렇게 극도로 어려운 문제를 성공적으로 풀어냈을 가능성이 있었을까? 가능성은 매우 낮았다. 그럼에도 에어리는 그를 시험해보기로 했다. 자신이 특히 주목했던 몇 가지 섭동 현상에 대해 추가 설명을 요청하고, 애덤스가 자신의 가설로 그것들까지 설명할 수 있는지를 보려 했던 것이다. 만약 설명할 수 있다면 그의 이론에 일말의 가능성이 있는 것이고, 설명하지 못한다면 — 거기서 끝나는 일이었다. 그 질문들은 어려운 것이 아니었고, 반지름 벡터의 오차에 관한 내용이었다. 애덤스라면 아주 쉽게 답변할 수 있는 문제였다.

그러나 안타깝게도, 그는 뛰어난 수학자였음에도 '업무적인 처리'에는 익숙하지 않은 사람이었다. 그는 에어리 교수의 편지에 답장을 보내지 않았다.

많은 이들에게는, 그리니치 적도의 망원경을 애덤스가 지정한 위치로 한 번쯤 돌려 그 근처에 정말로 어떤 미지의 천체가 있는지 확인해보지 않은 것이 안타까운 일로 느껴질지도 모른다. 그러나 천문대의 업무를 흐트러뜨리고, 우편으로 갓 도착한 한 수학적 연구를 근거로 하여 예정된 관측 일정을 갑자기 변경해 새로운 행성을 찾기 위한 탐색으로 바꾸는 일은 결코 가벼운 결정이 아니다. 만약 천문대가 이런 식으로 체계 없이, 충동적으로 운영되었다면, 지금처럼 침착하고 정확하며 신뢰할 수 있는 기관이 될 수 없었을 것이다.

물론 누군가가 '보기만 하면 새로운 행성 하나를 발견한다'는 사실을 미리 알고 있었다면, 어떤 조치를 취했든 모두 정당화될 수 있었을 것이다. 그러나 그 사실을 미리 알 수 있는 사람은 아무도 없었다.

애덤스조차도 자신의 예측이 완전히 맞아떨어질 것이라는 확신을 갖지는 못했을 것이다. 그래서 새로운 행성과 관련된 일은 그 지점에서 멈추었다. 애덤스의 보고는 서류철 속에 꽂혀 8~9개월 동안 아무런 주목도 받지 못한 채 묵혀 있었다.

한편, 완전히 독립적으로 프랑스에서도 비슷한 일이 진행되고 있었다. 1811년 노르망디에서 태어난 뛰어난 젊은 수학자 한 명이 나폴레옹에 의해 설립된 지 얼마 되지 않은 에콜 폴리테크

니크에서 천문학 교수직을 맡고 있었다. 그의 첫 논문들은 사람들의 관심을 끌었고, 프랑스 천문학의 공식 수장이던 아라고(Arago)는 그에게 천왕성의 아직 설명되지 않은 섭동이야말로 그의 신선하고 막강한 수학적 역량을 투입할 만한 가치 있는 문제라고 제안했다.

그는 즉시 철저하고 체계적인 방식으로 작업을 시작했다. 먼저 이 불일치가 천문표의 오류나 오래된 관측의 오류 때문일 가능성을 검토했다. 이를 매우 세심하게 분석한 끝에, 그런 방식으로는 이 문제를 설명할 수 없다는 결론에 도달했다. 이 연구의 첫 부분은 1845년 11월에 발표되었다.

이어서 목성과 토성이 만들어내는 섭동을 검토하며, 그것들이 정확하게 반영되었는지, 혹은 미세한 조정을 통해 불규칙성을 없앨 만큼의 개선이 가능한지를 살펴보았다. 그는 이 섭동 항에 몇 가지 새로운 항을 추가했지만, 그것들 중 어느 것도 미해결 섭동을 조금 줄이는 데 그칠 뿐, 문제를 근본적으로 해결할 만큼 충분하지는 않았다.

그는 이어서 지금까지 제기된 여러 가설들을 하나씩 검토하며, 이 불일치를 설명할 수 있는지 살펴보았다.

중력 법칙이 먼 거리에서는 성립하지 않는 것인가?

어떤 저항성 매질이 존재하는 것인가?

보이지 않지만 큰 위성이 있어서 그런 것은 아닌가?

혹은 혜성과 충돌한 적이 있어서 그런 것인가?

그는 이러한 가능성들을 모두 검토한 뒤, 각각 다른 이유로 하나씩 기각했다. 문제의 원인은 일시적인 사건이 아니라 꾸준하고 지속적인 요인 — 예를 들어 어떤 알려지지 않은 행성 — 이어야 했다. 그렇다면 그 행성은 천왕성의 궤도 안쪽에 있을 수 있을까? 아니다. 그럴 경우 토성과 목성 또한 교란을 받아야 하지만, 그런 징후는 전혀 없었다. 따라서 그 원인은 천왕성 궤도 바깥쪽에 있는 행성일 수밖에 없었으며, 보데의 경험적 법칙에 따르면 그 거리는 천왕성의 거의 두 배에 이를 가능성이 컸다. 마지막으로 그는 이 미지의 행성이 지금 어디에 있으며, 관측된 섭동을 만들어내기 위해 어떤 궤도를 가져야 하는지를 계산하기 시작했다.

이 과정의 이 부분은 여러 번의 실패와 실망스러운 복잡함을 겪지 않고서는 완성될 수 없었다. 결국 이것이야말로 문제의 진짜 핵심이었다. 너무나 많은 미지의 변수들 — 행성의 질량, 거리, 이심률, 궤도의 기울기, 특정 시점에서의 위치 등 — 그 행성에 대해 알려진 것은 사실상 아무것도 없었고, 다만 수십억 마일 떨어진 천왕성에 영향을 끼친 미세한 섭동만이 유일한 실마리였다.

더 자세한 내용은 생략하고, 1846년 6월에 마지막 논문을 발

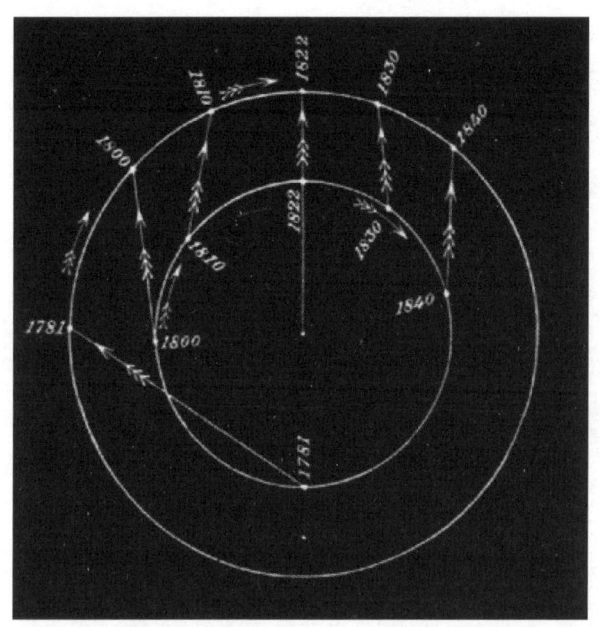

그림 15 천왕성과 해왕성의 상대적 위치

위 도표는 호턴 박사가 축척에 맞추어 그린 것으로, 천왕성과 해왕성의 궤도와 1781년부터 1840년까지의 위치를 함께 보여주며, 두 행성 사이의 상호 섭동력의 방향을 설명한다. 1822년에 두 행성은 합(合)의 위치에 있었고, 이때 두 행성 사이의 인력은 천왕성의 반지름 벡터(즉 태양으로부터의 거리)를 교란했지만, 황경(궤도상의 위치)은 교란하지 못했다. 그 이전에는 천왕성이 해왕성의 인력에 의해 약간 '앞 당겨'져 있었고, 그 이후에는 '뒤로 끌리는' 영향을 받았다. 이렇게 해서 관측된 위치와 계산된 위치 사이의 불일치가 나타난 것이다.

문제의 첫 단계는, 목성과 토성 및 다른 알려진 모든 요인들로 인해 생기는 섭동을 제거하여 남는 섭동을 분리해내는 것이었다. 그 다음은, 바로 그 섭동을 정확히 만들어낼 수 있는 외부 행성의 위치를 결정하는 일이었다.

표하며 행성의 이론적 위치를 세상에 공표했다는 사실만 말해 두면 충분할 것이다.

에어리(Airy) 교수는 그달이 끝나기 전에 이 논문의 사본을 받아 보았고, 르베리에가 이론적으로 계산한 행성의 위치가, 여덟 달 앞서 애덤스가 제시해 두었던 위치에서 불과 1도밖에 떨어져 있지 않다는 사실에 놀라움을 금치 못했다. 이처럼 눈에 띄는 일치는, 한두 주 동안 허셜식의 '훑어보기 관측(sweep)'을 시도해 볼 충분한 근거가 되는 것으로 여겨졌다.

그러나 그렇게 먼 행성을 찾기 위한 훑어보기 관측은 결코 쉬운 일이 아니었다. 대형 망원경으로 보더라도 그 행성은 여전히 별처럼 보일 것이기 때문에, 주변의 다른 별들 가운데서 그것을 걸러내기 위해서는 상당한 수고와 오랜 관찰이 필요했다. 우리는 이미 천왕성이 스무 번이나 관측되었으면서도 끝내 '별'로만 여겨졌고, 허셜이 그 진짜 성질을 밝히기 전까지 누구도 행성이라고 알아보지 못했다는 사실을 알고 있다. 게다가 천왕성은 해왕성보다 겨우 절반의 거리밖에 떨어져 있지 않다.

파리에서도, 그리니치에서도 광학적 탐색은 이루어지지 않았다. 그러나 에어리 교수는 애덤스에게서 아무 성과도 얻지 못했던 그와 같은 오래된 질문을 르베리에에게 보내 물었다. 새로운 이론이 반지름 벡터의 오차도 설명하는가, 그렇지 않은가? 르베리에는 신속하면서도 완전한 답장을 보내왔다. 그러한 오차들은 다른 모든 오차들과 마찬가지로 이론으로 설명된다는 것이었다. 이렇게 해서 그 천체의 존재는 처음으로 공식적으로 인정받게 되었다.

그해 영국학술협회는 사우샘프턴에서 대회를 열었고, 존 허셜 경은 분과 회장 가운데 한 사람이었다. 1846년 9월 10일, 그는 개회 연설에서 르베리에와 애덤스의 연구를 다음과 같은 기억할 만한 말로 소개했다.

"지난해 우리는 새로운 소(小)행성 아스트레아(Astræa)를 얻었습니다. 그러나 그보다 더 큰 성과도 있었습니다. 우리는 또 하나의 행성을 발견할 '개연성 있는 전망'을 갖게 되었습니다. 우리는 그것을, 콜럼버스가 스페인 해안에서 아메리카를 바라보던 그 방식으로 보고 있습니다. 그 운동은 우리의 분석이 뻗어 나간 긴 선을 따라 미세한 떨림으로 감지되었으며, 그 확실성은 육안 관측에 거의 뒤지지 않습니다."

이제는 실제로 그 행성을 찾아보기 시작해야 할 때가 되었다. 에어리 천문대장은 르베리에의 논문을 읽고 그렇게 판단했다. 그러나 그리니치의 국립 망원경은 다른 업무로 사용 중이었기 때문에, 그는 케임브리지의 챌리스(Challis) 교수에게 편지를 보내, 노섬벌랜드 공작 중 한 사람이 기증한 케임브리지 대학의 대형 망원경인 노섬벌랜드 적도의(Equatoreal)로 그 행성을 탐색할 수 있도록 허락해줄 수 있는지 문의했다.

챌리스 교수는 자신이 직접 탐색을 수행하겠다고 답했고, 이내 이론이 제시한 위치 주변을 느긋하고도 위엄 있게 훑어 나가는 훑어보기 관측을 시작했다. 그는 관측되는 별들을 모두 목록에 기록하고, 나중에 이 관측값들을 정리하고 서로 비교하여, 그중 어떤 별이 위치를 바꾸었는지를 확인할 계획이었다. 만약 그런 변화가 관측된다면 그것이 바로 행성일 것이기 때문이다. 이렇게 그는 과도한 시간을 들이지 않으면서도 상당한 양의 관측 데이터를 축적했고, 이후 여유가 생기면 그것들을 정리하고 분석할 생각이었다.

그 불운한 학자는 1846년 8월 4일과 8월 12일, 두 차례나 실제로 그 행성을 보았으면서도 그것이 행성이라는 사실을 알아보지 못했다. 만약 그에게 10등성까지의 별들이 포함된 상세한 천구도가 있었고, 관측할 때마다 그 지도와 즉시 대조했더라면 과정은 훨씬 쉬웠을 것이고, 발견도 빠르게 이루어졌을 것이다. 그러나 그에게는 그런 지도가 없었다.

그럼에도 그 지도는 이미 존재하고 있었다. 계몽된 방식과 근면한 작업으로 유명한 독일에서 막 완성된 것이었다. 브레미커 박사는 아직 그의 대작 — 등성까지의 별을 모두 포함한 황도대 전역의 대형 성도 — 을 완전히 끝낸 상태는 아니었지만, 일부 구역은 이미 완성되어 있었고, 새 행성이 있을 것으로 예상된 바로 그 구역이 공교롭게도 막 완성된 부분에 포함되어 있었다. 그러나 영국에서는 이 사실이 전혀 알려지지 않았다.

그동안 애덤스는 자신의 이론을 보완하며 행성의 위치에 대한 점점 더 정밀한 근사값을 제시하는 여러 추가 보고를 왕립천문대장에게 보냈다. 그는 몇 달 전에 받았던 반지름 벡터에 관한 질문에도 이제야 비로소 그리고 충분히 만족스러운 형태로 답변을 보냈다. 하지만 그것은 너무 늦은 시점이었다.

이제 다시 르베리에로 돌아가 보자. 이 위대한 학자 역시 자신의 이론을 더욱 정밀하게 다듬는 한편, 광학적 탐색을 어떻게 수행하는 것이 가장 효과적인지 고민하고 있었다. 그는 아마도 성도 제작과 별 목록 작성 같은 분야에서는 그 당시도, 그리고 지금도 독일이 세계 다른 어떤 나라보다 앞서 있다는 사실을 알고 있었기 때문일 것이다. 그래서 9월 — 바로 존 허셜 경이 사우샘프턴에서 그 유명한 연설을 했던 그 9월 — 그는 베를린으로 편지를 보냈다.

르베리에는 베를린 천문대장 갈레 박사에게 분명하고 단호한 말투로 이렇게 알렸다. 새로운 행성은 지금 특정한 위치 또는 그 근처에 있으니, 그 부분에 망원경을 향하면 행성을 보게 될 것이며, 또한 그 천체는 단순한 점처럼 보이는 별과는 달리 눈에 띄는 크기, 즉 작은 원반상이어서 쉽게 구별할 수 있을 것이라고 했다.

갈레는 1846년 9월 23일 그 편지를 받았다. 그리고 그날 저녁 바로 르베리에가 지목한 위치로 망원경을 향했고, 그 밤에 곧바로 행성을 발견했다. 그는 먼저 그 겉모습으로 행성을 알아보았다. 숙련된 그의 눈에는 그 천체가 작지만 분명한 원반을 갖고 있었고, 보통의 별과는 확연히 다른 모습을 하고 있었다. 이어서 그는 브레미커의 대형 성도를 확인했는데, 마침 막 새겨져 완성된 바로 그 구역의 성도에 그와 같은 별은 존재하지 않았다. 그것이 새로운 행성이라는 사실은 의심의 여지가 없었다.

이 소식은 당시로서는 가능한 최대한의 속도로 — 지금 기준으로는 결코 빠르다고 할 수 없지만 — 유럽 전역으로 퍼져나갔다. 그리고 10월 1일, 케임브리지의 챌리스 교수와 애덤스도 이 소식을 들었으며, 그들은 자신들이 한발 늦었음을, 그리고 이 발견 경쟁에서 영국이 이미 뒤처졌음을 알게 되었다.

그러나 이 경쟁은 누구도 의식한 경쟁이 아니었다. 프랑스에서는 영국에서 탐색이 진행 중이라는 사실을 전혀 알지 못했다. 애덤스의 논문들은 공개되지도 않은 상태였고, 그의 이름으로 이 위대한 발견에 대한 공적을 나누어야 한다는 주장이 제기되자 프랑스 측은 크게 불쾌해했다. 그 뒤로 논쟁과 비난, 변명과 정당화가 이어졌지만, 이제 이 논의는 자리를 잡은 상태이다.

전 세계는 애덤스의 빛나는 재능과 뛰어난 수학적 능력을 존중하며, 그가 계산에 의해 이 문제를 가장 먼저 풀어냈다는 사실을 인정한다. 동시에 전 세계는 르베리에가 지닌 결코 뒤지지 않는 수학적 재능을 분명히 보지만, 그에게서는 단순한 수학자를 넘어서는 면모 — 능력, 결단력, 그리고 강한 인격 — 을 발견한다고 평가한다.

제7장

혜성과 별똥별

⋮

　지금까지 여러 측면에서 태양계를 살펴보았고, 별들에 대해 알려진 것들을 간략하게 검토해보았다. 우리는 각각의 별들이 매우 높은 확률로 독립된 태양계의 또 다른 중심이라는 사실을 알게 되었다. 그 구성원들은 너무 어둡고 너무 멀리 있어 우리에게는 보이지 않는다. 여기에서 보이는 것은 중앙의 태양 하나뿐이며, 그것도 반짝이는 점으로만 보일 뿐이다.

　그러나 우리의 태양계와 다른 태양들 사이 — 그리고 각 태양과 그 밖의 모든 태양들 사이 — 에는 물질이 거의 없는 것처럼 보이는 거대한 빈 공간이 존재한다.

　이제 우리는 이렇게 물어보아야 한다. 이 공간들은 정말로 비어 있을까? 우주에는 성운, 태양들, 그 행성들 그리고 그 위성들 외에는 정말 아무것도 없을까? 우주의 모든 천체가 그렇게 거대한 크기를 지닌 것일까? 혹시 무수히 많은 작은 천체들도 존재하지는 않을까?

　이 질문에 대한 대답은 '그렇다'이다. 광대한 우주 공간에 특별히 알맞은 일정한 크기라는 것은 존재하지 않는 듯하다. 실제로 우리는 온갖 크기의 천체들을 발견한다. 시리우스와 같은 거대한 항성에서 시작해, 보통의 항성들, 그보다 작은 항성들로 이어지고, 다시 크기가 제각각인 행성들, 그보다 작은 위성들, 그리고 더 작아지는 소행성대의 천체들에 이른다. 그러다 결국 화성의 가장 작은 위성처럼 지름이 고작 10마일 정도에 불과하고, 질량도 수십억 톤밖에 되지 않는, 현재 알려진 태양계의 '정규 천체'들 중에서도 가장 작은 것들을 만나게 된다.

그러나 이 모든 천체들 외에도, 그보다 크지 않으며 어쩌면 더 작은 또 다른 질량의 천체들이 존재하는데, 그것들을 우리는 '혜성'이라고 부른다. 그보다도 더 아래에는 무게가 수 톤에서 몇 파운드나 몇 온스에 이르는 작은 천체들이 있으며, 우리가 그것을 볼 때 — 그 기회는 자주 오지 않지만 — '유성' 또는 '별똥별'이라고 부른다. 이 운석들의 크기에는 사실상 한계가 없는 듯하다. 어떤 것들은 실제 먼지 알갱이만큼 작은 것들도 있다.

이렇게 보면 시리우스 같은 거대한 항성에서부터 먼지에 이르기까지, 규칙적인 크기 구간이 존재하는 셈이며, 우주는 이러한 우주적 입자들 — 어쩌면 오래된 세계의 부스러기이거나, 언젠가 새로운 세계를 형성하는 데 쓰일지도 모를 작은 조각들 — 로 가득 차 있다고 보아야 한다. 케플러가 말했듯, 하늘에는 바다의 물고기보다도 더 많은 '혜성'이 있다. 그렇다고 해서 그것들이 **빽빽하게** 몰려 있는 것은 아니다. 만약 그렇다면 우주는 흐릿한 성운 같은 모습으로 보였을 것이다. 우주 공간이 이렇게 투명하다는 사실은, 각 천체 사이에 엄청난 비율의 빈 공간이 존재함을 보여준다. 이 작은 천체들은 아마도 항성 같은 큰 천체 주변에 훨씬 더 많이 몰려 있고, 성간 공간에서는 훨씬 희박할 것이다.

1866년 11월의 격렬한 유성우 동안에도, 가장 **빽빽한** 지역에서조차 유성들 사이의 평균 거리는 약 35마일인 것으로 추정되었다.

유성 또는 별똥별의 본질을 생각해보자. 우리는 보통 단순한 빛의 줄기라고 생각한다. 때로는 뒤에 빛나는 꼬리를 남기기도 하고, 가끔은 폭발을 동반한 실제의 불덩이처럼 보이기도 한다. 아주 드물지만 떨어지는 모습이 관측되기도 하며, 그 경우 나중에 땅을 파서 철이나 바위 덩어리 형태로 찾아낼 수 있다. 이런 것들은 마찰과 열에 의한 거친 손상의 흔적을 보여준다. 바로 이들이 우리가 박물관에서 보는 운석(meteorites), 철질운석(siderites), 공석(aerolites), 또는 볼라이드(폭발 유성, bolides)이다. 흔히 '벼락돌(thunderbolts)'이라고 불리지만, 실제로는 대기 중의 전기 현상과는 아무런 관련이 없다.

이 천체들은 우주 공간을 떠돌다가 지구의 대기권에 진입하

그림 16 운석

는 순간 마찰로 인해 순식간에 불타오르는 바위 또는 금속 조각들로 보인다. 멀리 우주의 깊은 곳에서 이러한 작은 천체 하나가 태양의 인력을 느끼고 태양을 향해 움직이기 시작한다. 가까워질수록 속도는 점점 빨라져, 지구 궤도와 비슷한 지점에 도달할 무렵에는 초당 26마일의 속도로 질수한다.

지구 역시 초당 19마일의 속도로 움직이고 있다. 두 천체가 서로 반대 방향으로 움직이는 경우에는 두 속도가 합쳐져 엄청난 상대 속도가 된다. 지구 표면에서 수 마일 위의 희박한 대기라도 이 돌 조각에는 격렬한 연마 작용을 가하게 된다. 표면에서는 입자들이 뜯겨나가고, 만약 철 성분의 운석이라면 폭죽에서 쇳부스러기가 튀듯 불꽃을 내며 타오르며 꼬리를 형성할 것이다. 그리고 그 덩어리 전체가 극도의 열과 충격 속에서 순식간에 파편으로 부서져 사라질 것이다.

그림 17
유성우가 망원경 시야를 가로지르다

지구가 옆으로 움직이고 있는 경우에도 상황은 같다. 그러나 운석과 지구가 우연히 같은 방향으로 움직이고 있다면, 상대 속도는 초당 7마일 정도에 불과하게 된다. 물론 이것도 엄청난 속도이지만, 이 경우에는 핵의 일부가 완전히 파괴되지 않고 남을 가능성이 생긴다.

마찰로 인해 표면은 긁히고, 가열되고, 녹아내리겠지만, 속도의 상당 부분이 대기와의 충돌로 소실되기 때문에 지면에 부딪힐 때는 겨우 몇 피트나 몇 야드 정도만 파고들어 땅속에 묻힐 수 있다. 그래서 나중에 발굴이 가능하게 된다.

그러나 이렇게 지구 표면까지 도달하는 것들은 극히 미미한 수에 불과하다. 거의 모든 운석들은 대기에 의해 갈려 부서지고 흩어져버린다. 그리고 우리에게는 다행스러운 일이다. 대기가 없는 달의 노출된 표면이 이런 폭격을 얼마나 끔찍하게 받고 있을지를 생각해보라.

그러므로 우리가 밤하늘에서 보는 모든 별똥별들, 그리고 낮 동안에 일어나기 때문에 우리가 보지 못하고 결코 볼 수도 없는 그 헤아릴 수 없는 수많은 유성들 — 이 모든 빛나는 섬광과 빛줄기는 이 날아다니는 돌멩이 하나가 죽고 묻히는 순간을 의미한다. 이 조각은 셀 수 없는 세월 동안 우주 공간을 홀로 질주하다가 어떤 행성과 마주치게 된 것이다. 그러나 행성의 실제 표면에 부딪히지는 못한다. 대기가 충분한 방패 역할을 해주기 때문이다. 엄청난 마찰은 그것을 순식간에 먼지로 갈아버리고, 그 먼지는 이후 천천히, 조용히 지표면으로 내려앉는다.

영국과 같은 곳에서는 운석에서 비롯된 먼지가 쌓였다는 증거를 얻기가 쉽지 않다. 그곳에 쌓이는 먼지는 대개 천체에서 비롯된 것이 아니기 때문이다. 그러나 그린란드나 히말라야의 눈밭에서는 그런 먼지를 발견할 수 있다. 영국학술협회(BAA)의 한 위원회는 오랫동안 노출된 눈을 모아 녹이고 여과하는 간단한 과정만으로, 철의 작은 용융 구슬과 그 밖의 운석에 특유한 물질들이 존재한다는 명확한 증거를 얻었다. 물론 그 안에는 화산재가 섞여 있을 수도 있지만, 현미경 아래에서는 화산 기원의 성분과 유성 기원의 성분이 각각 뚜렷하게 구분된다.

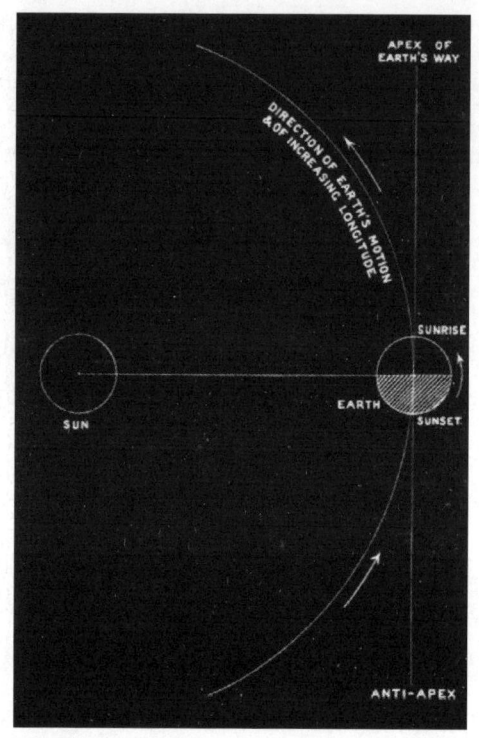

그림 18 지구 궤도 운동 방향 도표.
자정 이후, 즉 자정부터 정오 사이에 어느 지역에서든 정오부터 자정 사이보다 더 많은 소
행성이 포획될 가능성이 높음을 보여준다.

지구에 먼지 형태로 도달하는 유성에서 비롯된 물질의 양은,
덩어리 형태로 떨어지는 극히 적은 양보다도 압도적으로 많을
것이다. 매년 수백 톤, 어쩌면 수천 톤에 이를지도 모른다. 이렇
게 쌓이는 물질은 아주 오랜 세월이 흐르면 지구 자전 주기 —

즉 하루의 길이 — 에 일정한 영향을 줄 것이라고 생각할 수도 있다. 그러나 그 양은 너무 적어서 지금까지는 확실하게 검출된 적이 없다. 어쩌면 그 영향은 완전히 무시할 만큼 적을지도 모른다.

또 하나 제기된 견해는, 실제로 낙하하는 그 돌덩이들이 진정한 우주 방랑자가 아니라, 오래전에 지구의 화산 활동이 지금보다 훨씬 더 격렬했을 때 강력한 화산 폭발에 의해 지구에서 튀어 올라간 조각들일 수도 있다는 것이다. 이 조각들은 초당 7마일에 가까운 속도로 지구 중력을 벗어나 우주로 날려 나갔고, 지금처럼 조용해진 시대에 지구가 다시 그것들을 쓸어 담듯 끌어들이면서, 원래 있던 곳으로 돌아오고 있다는 주장이다.

나는 이 두 부류를 명확히 구분 지을 만한 뚜렷한 기준을 찾지 못하겠다. 떨어지는 유성들 가운데 일부는 그렇게 형성된 것일 수도 있지만, 분명 그렇지 않은 것들도 있다. 그리고 한 부류만이 항상 덩어리째 지구에 떨어지고, 다른 부류는 언제나 가루가 되어 사라진다는 것은 매우 개연성이 낮아 보인다. 그럼에도 여전히 염두에 둘 만한 하나의 가능성이라는 것은 틀림없다.

우리는 지금까지 이 우주적 방문자들을 떠돌아다니는 돌이나 쇳덩이라고 표현했지만, 그 '떠돌아다닌다'는 말에서 무질서하거나 불규칙한 경로를 떠올린다면 잘못이다. 이 작은 물질 덩어리들 역시 거대한 천체들과 마찬가지로 중력의 법칙에 철저히 복종한다. 따라서 이들 역시 모두 일정한 궤도를 가져야 하며, 그 궤도는 태양계의 주된 인력 — 즉 태양 — 에 의해 결정될 것이다. 다시 말해, 거의 모두가 태양을 중심으로 질주하는 궤도를 지니고 있다는 뜻이다.

각 행성은 실제로 자신만의 '수행자들'을 거느리고 있을 수 있다. 예를 들어 지구의 주요 인력이 지배하는 제한된 영역 — 달 너머까지 어느 정도 뻗어 있는 그 영역 — 안에는 우리가 결코 보지 못하는 여러 위성들이 존재할 수 있으며, 이들은 모두 지구를 중심으로 한 타원 궤도를 따라 규칙적으로 돌고 있을 것이다. 그러나 상대적으로 보았을 때, 이런 '위성형' 운석들은 많지 않다. 대부분의 운석들은 행성적 성격을 지니며, 태양의 주위를 도는 천체들이다.

이처럼 극히 작은 천체들이 정규 궤도를 가지며 케플러의 법칙을 따른다는 사실은 다소 놀랍게 느껴질지 모른다. 그러나 반드시 그렇다. 이 작은 천체들도 행성과 똑같이 세 가지 케플러 법칙을 엄격하게 따라야 한다. 크기가 작다고 해서 자연 법칙의 적용에서 예외가 될 이유는 전혀 없다. 다만 이들의 작은 크기가 가져오는 결과는 다른 천체에 섭동을 거의 일으키지 못한다는 점뿐이다.

무게가 백만 톤에 이르는 덩어리라 하더라도 그 인력은 극히 미미하다. 지구와 같은 밀도를 지닌 물체의 표면에 1파운드의 물체를 올려놓는다면, 그것은 지구가 한 알의 곡식을 끌어당기는 것과 같은 힘으로만 당겨질 뿐이다. 그러니 그런 질량이 먼 천체들에 미치는 섭동 효과는 사실상 감지할 수 없다.

이 점은 우리에게 오히려 다행이다. 보이지 않는 작은 천체들이 일으키는 섭동까지 일일이 고려해야 했다면 정밀한 천문학은 불가능했을 것이다. 그랬다면 천문학은 물리학의 여러 난제들과 맞먹는 복잡성을 띠게 되었을 것이다.

그러나 비록 이러한 유성체들 그리고 태양계 근처의 우주 공간을 날아다니는 모든 작은 천체들이 태양의 인력에 의해 케플러 법칙을 따를 수밖에 없다는 사실을 중력의 법칙에서 확신할 수 있다 해도, 우리는 과연 그 궤도를 어떻게 결정할 수 있을까? 언뜻 보기에는 거의 희망이 없어 보인다. 우리는 이 천체들을 오직 한순간 — 그들이 지구 대기 속으로 뛰어들 때 — 잠깐 볼 뿐이며, 그것들에게 그 순간은 곧바로 '죽음'이다. 그 혹독한 마찰을 견디고 살아남는 경우는 매우 드물며, 설사 살아남는다 해도 그 순간 그들의 경로와 궤도는 완전히 바뀌게 된다. 그 이후로는 반드시 지구의 부속 천체가 되어야 한다.

그들은 지표면에 떨어질 수도 있고, 혹은 다시 대기 밖으로 빠져나가 지구와 달 사이의 맑은 공간을 따라 우리에게 보이지 않은 채 지구 둘레를 돌게 될 수도 있다.

그럼에도 불구하고, 어느 특정한 유성군이 지구에 충돌하기 이전의 원래 궤도를 결정하는 문제 — 겉보기에는 거의 해결 불가능해 보이는 이 문제 — 는 실제로 해결되었고, 어느 정도의 정확성까지 확보되었다. 이것은 다른 특정 천체들의 관측을 이용해 이루어진 성과였다. 그리고 그 난제를 해결하는 데 도움이 된 천체가 바로 혜성이다. 그렇다면 혜성이란 무엇일까?

우선 과학계는 아직 혜성의 구조에 대해 완전히 하나의 결론에 도달한 것은 아니다. 이 주제에는 여러 가지 견해들이 있으며, 확실히 알려진 내용도 있다. 그러나 여전히 많은 측면에서 미해결인 부분들이 남아 있다. 따라서 지금 제시하려는 견해 또한 다른 여러 견해들과 함께 비교해볼 만한 가치가 있는 하나의 관점으로만 받아들여주면 된다.

뉴턴의 시대 이전까지 혜성의 본질은 전혀 알려지지 않았다. 사람들은 혜성을 불길한 징조로 여기며 두려움 속에서 바라보았고, 어떤 왕의 죽음이나 국가적 재난과 관련되어 있다고 믿곤 했다.

〈프린키피아〉 초판이 나왔을 때까지만 해도 혜성 문제는 미해결 상태였고, 그 이론은 책에 제시되지 않았다. 그러나 초판과 재판 사이인 1680년에 거대한 혜성 하나가 나타났고, 뉴턴은 그 혜성의 모습과 거동을 두고 깊이 사색했다. 이 혜성은 태양에 매우 가까이 돌진해 들어갔다가, 빠르게 태양을 반 바퀴 감아 돌고는 다시 멀어져 갔다.

만약 이 혜성이 물질적 실체이고, 중력의 법칙이 적용되는 천체라면, 태양을 하나의 초점으로 하는 어떤 원뿔곡선 궤도를 따라 움직여야 했고, 그 반지름 벡터는 동일한 시간 동안 동일한 면적을 쓸어야 했다.

뉴턴이 여러 관측소에서 기록된 혜성의 위치를 검토해보니, 그 관측 경로가 이 이론과 정확히 들어맞았다. 이때부터 혜성의 운동은 이해되기 시작했다. 그 전까지는 누구도 혜성의 궤도를 계산하려 하지 않았으며, 혜성은 불규칙하고 무질서한 천체라고 여겨졌다. 그러나 이제 혜성도 중력 법칙을 완전히 따르는 존재이며, 다른 모든 천체와 마찬가지로 태양을 중심으로 공전하는 — 비록 항상 태양계에 머무르는 것은 아닐지라도 — 태양계의 일원이라는 사실이 인정되었다.

그러나 혜성의 궤도는 행성의 궤도와는 매우 다르다. 혜성 궤도의 이심률은 극단적으로 크다. 다시 말해, 그 궤도는 매우 길게 늘어난 타원이거나 포물선이다. 1680년의 혜성은 뉴턴이 계산한 결과 거의 완전한 포물선에 가까운 궤도로 움직였으며, 따라서 그 주기는 최소한 수백 년 단위로 계산해야 했다.

오늘날에는 이 혜성이 완전한 포물선이 아니라, 매우 길게 늘어난 타원 궤도를 지닌 주기 혜성일 가능성도 있다고 여겨진다. 만약 그렇다면, 이 혜성은 2255년이 되어야 돌아올 것이다. 하지만 그 시점이 오기 전까지는, 이것이 실제로 주기 혜성인지,

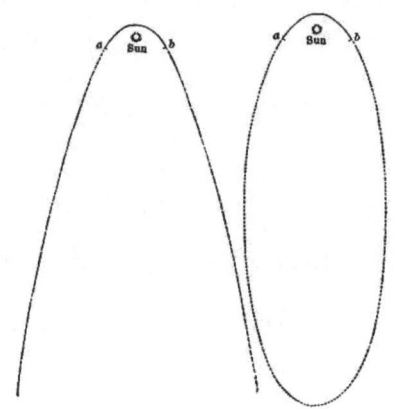

그림 19 포물선 궤도와 타원 궤도: a b(가시) 부분은 구별할 수 없다.

혹은 태양계를 한 번만 스쳐 지나가는 비주기 혜성 중 하나인지 확실히 말할 수 없다.

만약 의심되는 대로 이것이 주기 혜성이라면, 이는 율리우스 카이사르가 암살될 때 나타났던 바로 그 혜성이며, 서기 531년과 1106년에도 다시 나타났던 동일한 혜성이 된다. 만약 2255년에 다시 나타난다면, 우리의 후손들은 아마 그것을 뉴턴을 기념하는 혜성으로 여기게 될 것이다.

중력 이론의 관점에서 논의된 다음 혜성은 잘 알려진 핼리 혜성이다. 이 혜성에 대해서는 어느 정도 알고 있을 것이다. 그 주기는 75년 반이다. 핼리는 1682년에 이 혜성을 관측했고, 1758

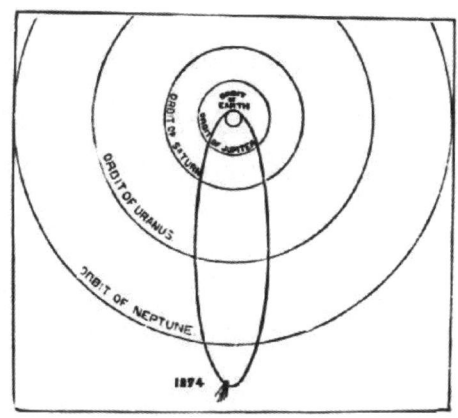

그림 20 핼리 혜성의 궤도

년 또는 1759년에 다시 돌아올 것이라고 예측했다. 이것이 역사
상 최초의 혜성 귀환 예측이었다.

클레로(Clairaut)는 그 귀환 시기를 한 달 이내까지 정확히 계
산해냈다. 이 혜성은 그 뒤 1835년에 다시 나타났는데, 이번에
는 천왕성이 이미 발견되어 있었기 때문에 그 귀환 날짜를 불과
사흘 차이로 맞출 수 있었다.

핼리 혜성은 1873년에 궤도상 가장 먼 지점에 도달했으며 그
리고 1911년에 다시 돌아올 예정이다.

근래로 오면 1843년과 1858년에 나타난 거대한 혜성들이 있
다. 이 둘의 이력은 알려져 있지 않다. 어쩌면 그때 처음으로 태
양계에 진입했을 수도 있다. 1858년의 혜성은 어쩌면 3808년에

다시 나타날지도 모른다.

그러나 이런 거대한 혜성들뿐 아니라 망원경으로만 보이는 혜성들도 무수히 많다. 이런 혜성들은 두드러진 특징을 보이지 않으며, 거대한 꼬리도 없다. 꼬리가 전혀 없는 것들도 있고, 있어도 몇 가닥의 보잘것없는 가느다란 흐름에 불과한 경우도 있다. 또 어떤 것들은 흐릿한 안개처럼 보이며, 현미경으로 들여다본 성운처럼 희미한 얼룩으로 나타나기도 한다.

이 모든 혜성은 상당한 크기를 지니고 있으며 — 두께는 대개 수백만 마일이다 — 그럼에도 혜성 뒤편의 별들이 또렷하게 보인다. 따라서 혜성은 밀도가 극히 낮은 물질로 이루어져 있음에 틀림없다. 꼬리는 얇은 안개보다 조금도 더 조밀할 수 없지만, 핵은 그보다 훨씬 더 단단하고 실체적인 물질이어야 한다.

혜성은 우주의 깊은 곳에서 도착해 태양을 향해 돌진하고, 지구를 초당 26마일의 속도로 스쳐 지나 태양 주변을 훨씬 더 빠르게 돌고, 다시 멀리 사라져 간다. 혜성은 태양에서 멀리 떨어져 있는 동안에는 완전히 보이지 않는다. 오직 태양 가까이에 접근할 때 비로소 부풀어 오르고 꼬리와 여러 부속 구조를 내뿜기 시작한다.

태양의 열이 혜성을 증발시키고, 희박한 안개와 휘발성 물질의 구름을 밖으로 밀어내는 것이다. 바로 이때 혜성이 보이기 시작한다. 혜성은 태양에 가장 가까울 때 가장 화려하며, 태양

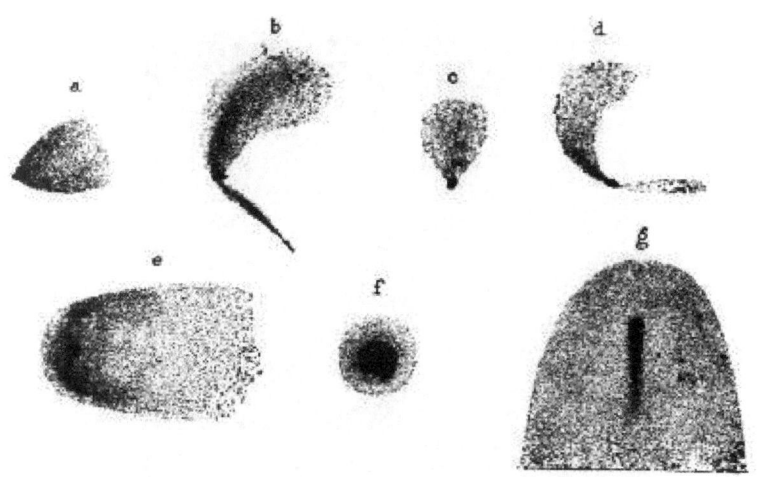

그림 21 핼리 혜성이 마지막으로 관측되었을 때의 다양한 모습들

에서 적당히 멀어지기만 해도 완전히 보이지 않게 된다.

태양의 열로 인해 혜성에서 증발한 물질은 다시 혜성으로 돌아오지 않고 영구히 사라진다. 따라서 몇 차례 이런 여행을 반복하고 나면 혜성의 휘발성 물질은 눈에 띌 정도로 줄어들게 되고, 그 결과 오래된 주기 혜성들은 사실상 꼬리가 없게 된다.

그러나 우주의 깊은 곳에서 처음으로 태양계에 들어오는 새로운 방문자들은 사정이 다르다. 이들은 휘발성 물질을 풍부하게 지니고 있으며, 바로 이들에서 가장 장관을 이루는 거대한 꼬리들이 나타난다.

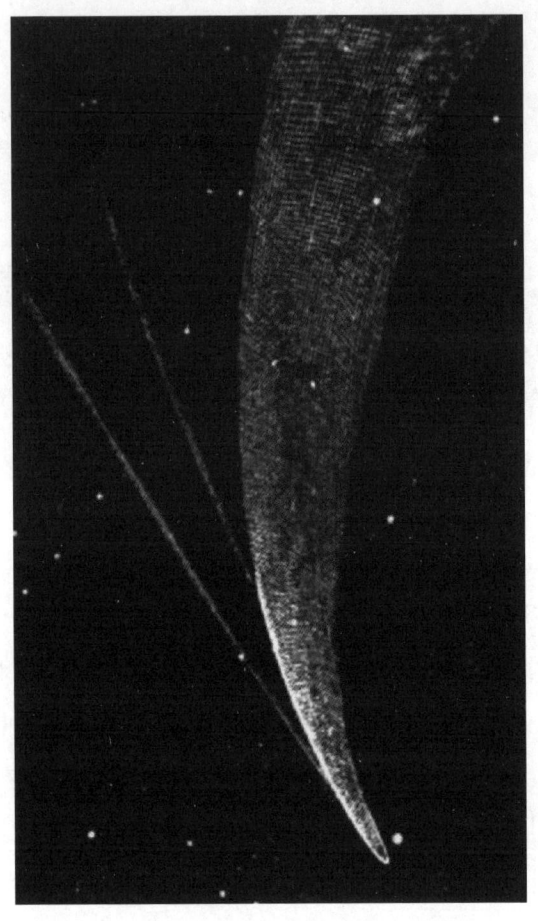

그림 22 1858년 도나티 혜성의 머리 부분

그림 23 핼리 혜성

혜성의 꼬리는 언제나 태양에서 멀어지는 방향을 향한다. 마지 태양으로부터 빌려나는 듯이 보이며, 이 규칙에는 난 한 번의 예외도 없다. 가장 그럴듯한 설명은, 혜성의 꼬리와 태양이 서로 같은 종류로 대전되어 있다는 것이다. 즉, 꼬리가 태양으로부터 밀려나는 현상은 전기적 반발력 때문이라는 해석이다.

실제로 혜성의 꼬리가 몇 시간 만에 엄청난 거리까지 뻗어나가는 모습을 설명하려면 강력한 어떤 힘이 개입해야 한다. 태양빛의 압력 또한 일정한 역할을 하며, 특히 작은 입자들을 다룰 때는 결코 무시할 수 없는 힘이다.

이제 혜성과 유성 사이에 어떤 유사점이 있는지 생각해보자. 둘 다 태양을 중심으로 궤도를 따라 움직이는 천체이며, 둘 다 대부분의 시간 동안 보이지 않는다. 그러나 특정한 상황에서는 둘 다 우리에게 모습을 드러낸다. 유성은 지구 대기의 극한 경계로 뛰어들 때 보이게 되고, 혜성은 태양에 접근할 때 보이게 된다.

그렇다면 혜성이 태양의 대기 속으로 살짝 파고들어가 밝게 빛나는 거대한 유성일 가능성은 없을까?

물론 혜성이 태양의 주요 대기층 안쪽까지 침범한다면 완전히 파괴되어버릴 것이다. 그러나 태양이 그 바깥으로 매우 희박한 대기를 극도로 먼 거리까지 가지고 있을 가능성은 충분하다. 만약 그렇다면 혜성(혹은 거대한 유성)은 그 희박한 태양 대기 속을 스치며 마찰로 인해 밝게 빛날 수 있다. 또한, 혜성에서 떨어져 나간 입자들은 마찰 때문에 전기적으로 대전될 수 있고, 그렇게 형성된 전기적으로 대전된 기체나 먼지가 바로 혜성의 꼬리를 설명할 수 있을 것이다.

잠정적으로 이런 가설을 세워보자. 즉 혜성은 거대한 유성, 혹은 촘촘하게 모인 유성들의 집합체이며, 태양 가까이 다가오면 매우 희박한 태양 대기층을 만나 지구 대기로 뛰어드는 유성처럼 가열되고 부분적으로 기화된다는 것이다. 이제 이 가설을 뒷받침해줄 만한 사실이 있는지 살펴보자.

그림 24 엥케 혜성

지금부터 세 천체의 역사를 이야기해야 한다. 그러면 혜성과 유성 사이에 깊은 관련이 있다는 사실을 확인하게 될 것이다.

그 세 천체는 다음과 같다.

첫째, 엥케 혜성(Encke's comet)

둘째, 비엘라 혜성(Biela's comet)

셋째, 11월 유성군(November swarm of meteors)

엥케 혜성은(허셜 여사가 발견한 것 중 하나로) 겉보기에는 보잘것없는 혜성이며, 주기가 짧고 궤도가 잘 알려져 있었다. 엥케가 그 궤도를 계산한 이후에는 혜성이 다시 나타날 때마다 매우 세심한 관측이 이루어졌다. 이 혜성은 모든 혜성 중 가장 빠른 주기를 지녔으며, 3년 반마다 한 번씩 돌아왔다.

그러나 이 혜성의 공전 주기는 일정하지 않은 것으로 드러났다. 주기가 아주 조금씩 짧아지고 있었던 것이다. 즉, 혜성이 예정된 시각보다 약간 더 일찍 태양에 돌아오곤 했다.

이 현상은 바로 태양의 대기와 마찰이 일으킬 효과와 정확히 일치한다. 혜성이 태양 가까이를 지날 때마다 그 속도의 일부가 마찰로 인해 깎여 나간다고 하면, 원심적으로 멀리 나가는 힘이 줄어들므로 이전만큼 멀리 가지 못하게 된다. 따라서 다음 회차에는 약간 더 빨리 태양으로 돌아오게 되는 것이다.

마찰을 받으며 회전하는 천체는 점점 빨리 돌며 중심에 조금씩 더 가까워지고, 그 과정이 충분히 오래 지속되면 결국 중심 천체의 표면에 떨어질 수밖에 없다. 엥케 혜성에게 바로 이런 일이 일어나고 있는 듯하다.

물론 이 효과는 매우 미미하며 아직 완전히 입증된 것은 아니다. 그러나 지금까지의 증거는, 태양이 매우 멀리까지 희박한 대기를 갖고 있으며, 엥케 혜성이 근일점(perihelion)을 지날 때마다 그 대기에 의해 약간의 에너지를 잃고 있다는 쪽을 가리키

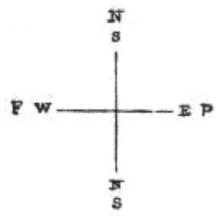

그림 25 마지막으로 관측된 비엘라 혜성: 두 부분으로 갈라져 있다

고 있다.

다음은 비엘라 혜성(Biela's comet)이다. 이것 역시 잘 알려져 있고, 망원경으로 면밀히 관측되어 온 혜성으로, 공전 주기는 6년이다. 그 먼 여정 가운데 한 차례에는 목성에 매우 가까이 접근할 것이라고 계산되었고, 그로 인해 겪게 될 섭동의 결과가 어떠할지를 두고 큰 호기심이 일어났다. 앞서 말했듯이 혜성은 태양에 가까이 다가올 때에만 모습을 드러내므로, 예정된 시기에 맞춰 그 혜성을 주시하고 있었다. 도착은 늦어졌지만, 마침내는 모습을 나타냈다.

그런데 이상한 점이 있었다. 혜성이 두 개로 갈라져 있었던 것이다. 1846년에 혜성이 나타났을 때, 그것은 마치 둘로 분리된 듯 보였다. 1852년에 다시 관측되었을 때 두 부분은 더 멀리 떨어져 있었다. 때로는 한쪽이 더 밝았고, 또 어떤 때는 다른 쪽이 더 밝았다. 그러나 그 다음 돌아와야 할 시기에는 두 조각 가운데 어느 것도 발견되지 않았다. 혜성은 완전히 사라진 듯했다. 그 이후 한 번도 관측된 적이 없다.

이 때문에 비엘라 혜성은 공식적으로 '실종된 혜성(the missing comet)'으로 기록되었다.

이제 이 이야기의 흥미로운 부분이 시작된다. 비엘라 혜성의 궤도는 매우 잘 알려져 있었고, 계산 결과 1872년 어느 날 밤 지구가 그 궤도를 통과하게 될 것이라는 사실이 밝혀졌다. 따라서 지구가 혜성과 조우할 가능성이 있었다. 물론 그 가능성은 크지 않았다. 혜성이 그 시각에 정확히 그 궤도 부분에 있을 필요는 없었기 때문이다. 그러나 혜성이 아직 존재한다면, 아마 그 근처 어딘가에 있을 것이라는 예상이 있었다. 그리고 마침내 그 밤이 찾아왔다. 지구는 비엘라 혜성의 궤도를 통과했다. 그러나 나타난 것은 혜성이 아니라 수많은 별똥별이었다. 하나의 천체도 아니고, 둘도 아니었다.

정말로 무리 지어 날아오는 유성들, 즉 유성군이 쏟아진 것이다. 매우 큰 규모의 폭우 같은 유성우는 아니었지만, 충분히 눈에 띄는 뚜렷한 유성우였다. 이 유성우는 비엘라 혜성이 지나간 경로를 따라 이동하는 유성군으로 인정되었다. 우리는 이 유성군을 안드로메데스(Andromedes)라고 부른다.

이 관측 결과는 더 넓은 일반 법칙으로 확장되었다. 모든 혜성의 궤도는 그 궤도를 따라 움직이는 유성체들의 고리로 표시되어 있다. 그리고 우리가 짧은 시간 동안 연속적으로 많은 별똥별을 보게 될 때, 그것은 지구가 어떤 혜성이 지나간 자취, 즉 그 궤도를 통과하고 있다는 증거다. 그런데 만약 지구가 단순히 혜성의 궤도를 스치는 정도가 아니라 혜성 본체 가까이를 통과한다면 어떻게 될까? 그럴 경우 우리는 엄청난 규모의 유성 군집 — 즉 말 그대로 별똥별 폭풍 — 을 보게 될 것이다.

실제로 이런 현상은 여러 번 발생했다.

그중 가장 유명한 것이 바로 11월 유성우, 즉 레오니드(Leonids)이다.

이것은 내가 여러분께 그 역사를 이야기해야 한다고 했던 세 번째 천체이다. 미국의 H. A. 뉴턴 교수는 고대 기록들을 조사한 끝에, 지구가 33년마다 일정한 유성 군집을 통과한다는 결론에 도달했다. 실제로 그는 33년마다 11월에 비정상적으로 많은 유성이 관측되었다는 사실을 발견했으며, 가장 오래된 기록은 서기 599년이었다. 마지막 출현은 1833년이었으므로 그는 1866년 또는 1867년에 다시 나타날 것이라고 예측했다. 과연 1866년 11월, 모습을 드러냈고, 많은 사람들이 그 장관을 기억하고 있다. 유성우가 거의 끊이지 않는 듯 쏟아졌음에도, 유성들 사이의 평균 거리는 약 35마일로 추정된다. 유성들의 방사점은 사자자리(Leo)에 있었고 항상 그곳에 있기 때문에, 이 유성군은 레오니드라고 불린다.

공간에 고정된, 서로 나란한 궤적을 따라 이동하는 입자들의 띠는, 고정된 별들을 기준으로 할 때 반드시 일정한 모습을 지닌다. 지구는 자전과 공전을 하기 때문에, 지구에 대한 그 모습은 계속 변하지만, 별자리에 대한 위치는 변하지 않는다. 따라서 각각의 유성군은, 질량 덩어리들이 이루는 일정한 평행 흐름이기 때문에, 언제나 하늘의 같은 지점에서 우리를 향해 날아오며, 우리는 그 지점(또는 방사점)으로 유성군을 식별하고 이름을 붙인다.

유성의 경로가 우리 눈에는 평행으로 보이지 않는 것은 원근법 때문이며, 그것들은 마치 바퀴살처럼 하나의 중심에서 사방으로 퍼져나가는 것처럼 보인다. 그러나 이렇게 사방으로 뻗는 줄기들은 사실 모두 서로 평행한 선들로, 관측 방향에 따라 서로 다른 정도로 짧게 보이기 때문에 방사점에서 퍼져나오는 것처럼 보이는 것이다.

첨부된 도표(그림 26)는 '방사점'이 여러 평행선의 소실점이라는 사실을 명확히 보여준다.

이 유성군이 특히 우리에게 흥미로운 이유는, 지구가 매년 그

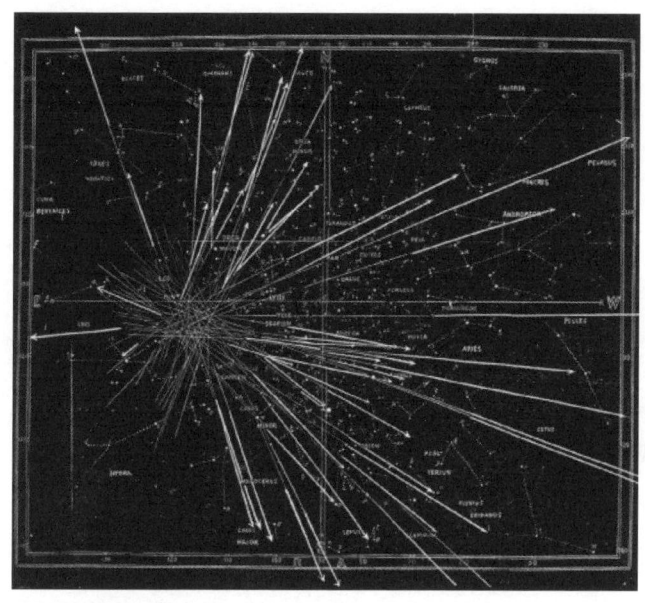

그림 26 방사형 점 투시법.

화살표는 공통 소실점에서 단축된, 대략 평행한 여러 유성 흔적을 나타낸다.

궤도를 가로지르기 때문이다. 그 궤도는 지구의 궤도와 교차한다. 매년 11월이 되면 우리는 그 거대한 유성군의 낙오자 몇 개를 보게 된다. 유성군 자체는 태양을 한 바퀴 도는 데 33년이 걸리므로, 우리가 그 유성군의 중심부와 조우하는 것은 33년에 한 번뿐이다.

이 유성군의 규모는 엄청나다. 그 폭만 해도 지구가 초당 19마일의 속도로 날아가면서 이를 통과하는 데 4~5시간이 걸릴

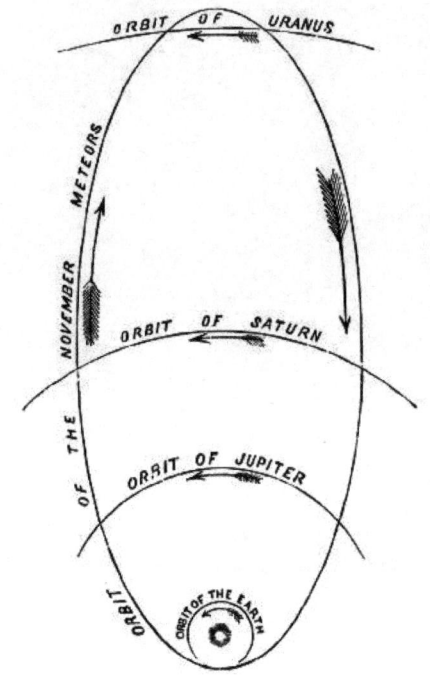

그림 27 11월 유성들의 궤도

정도이며, 그래서 유성우도 그 정도의 시간 동안 지속된다. 그러나 길이는 그보다 훨씬 더 거대하다. 이 유성군은 초당 25마일의 속도로 움직이며(그 궤도는 천왕성까지 뻗어 있으나 결코 포물선은 아니다), 그 전체가 지나가는 데 1년이 넘게 걸린다.

폭이 20만 마일에 달하고, 각각의 개체가 초당 25마일로 질주하며, 전체 행렬이 1년 넘게 이어지는 대행진을 상상해보라.

마치 거대한 청어 떼가 33년마다 태양을 한 바퀴 돌며, 지구 근처를 초당 25마일이라는 어마어마한 속도로 스쳐 지나가는 것과 같다.

지구는 그 유성군 속으로 돌진하여 무수한 유성들을 쓸어 담는다. 지구가 그런 거대한 유성 떼를 통과할 때 쓸어가는 유성의 수는 상상을 초월한다. 그러나 그보다 훨씬 더 많은 수가 여전히 남아 있으며, 33년마다 수백만 개가 파괴된다 해도 아직 전체 수에는 크게 영향을 미치지 못하고 있는 듯하다.

지구는 이 유성군을 결코 빗나가지 않는다. 33년마다 반드시 그 일부를 통과하게 되어 있다. 유성 떼의 길이가 너무도 길기 때문에, 어느 해 11월에 머리 부분을 비켜갔다면 다음 해 11월에는 꼬리 부분을 만나게 마련이다. 이것은 그 엄청난 길이에서 비롯된 당연하고 명백한 결과이다. 이 상황은 둘레가 60피트인 타원을 계속 돌고 있는 길이 2피트 짜리 바느질 실에 비유할 수 있다.

그러나 여러분은 이렇게 말할지도 모른다. '비록 수가 워낙 많아 33년마다 수백만 개가 파괴되어도 그들에게는 별 영향이 없다 하더라도, 만약 이 과정이 영원부터 계속되어 왔다면 지금쯤 모두 쓸려 없어졌어야 하지 않을까?'

맞는 말이다. 그리고 의심할 바 없이, 가장 오래된 유성군들은 이미 거의 모두 쓸려 없어졌거나, 아니면 완전히 사라졌을

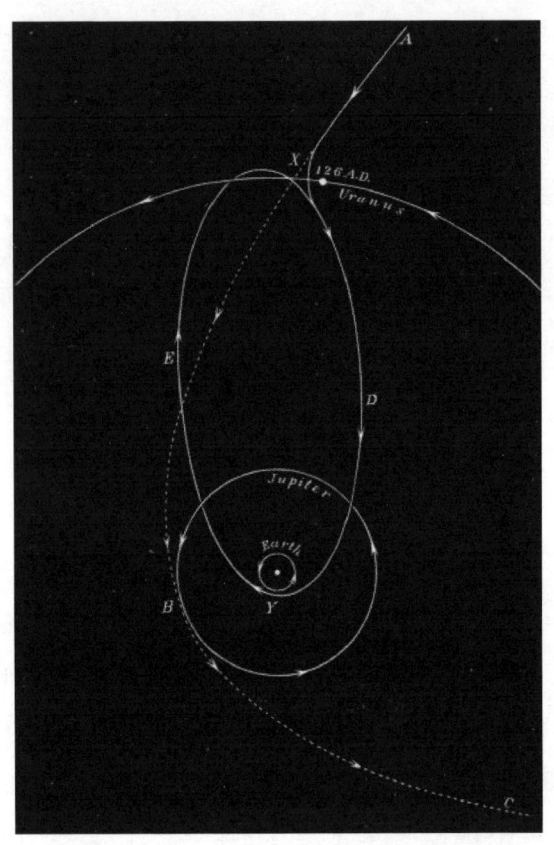

그림 28 11월 유성들의 궤도

서기 126년 이전의 예상 포물선 궤도와, 당시 표시된 위치에 있던 천왕성의 격렬한 섭
동으로 인해 갑작스럽게 타원 궤도로 전환된 모습을 보여준다

것이다.

8월의 유성우, 즉 페르세우스자리 유성우가 그 한 예이다. 매년 8월 우리는 그 경로를 지나며, 페르세우스의 '검을 쥔 손' 부근에서 방사하는 작은 유성우를 보게 된다. 그러나 어느 해 8월이 특별히 더 많거나 적은 법은 없다. 이는 아마도 본래의 큰 유성 떼는 사라지고 낙오자들만 남았기 때문이거나, 혹은 유성 떼가 경로 전체에 걸쳐 점차 고르게 퍼졌기 때문일 것이다. 어떤 경우이든, 이 8월 유성들은 11월 유성군보다 태양계에 훨씬 더 오래된 구성원으로 여겨진다. 한편 11월 유성군은 서기 126년에 태양계로 들어온 것으로 믿고 있다.

이는 매우 놀라운 주장처럼 보일 수 있다. 아직 최종 결론은 아니지만, 르베리에의 계산에 근거한 것이며, 최근 애덤스가 이를 다시 확인했다. 몇 분이면 그 근거를 이해하는 데 충분하다. 르베리에는 11월 유성군의 궤도를 계산했는데, 그것은 천왕성 바깥까지 뻗어 있는 타원형이었다. 이 궤도는 유성군이 스쳐 지나가는 외곽 행성들의 섭동을 받았으므로, 과거에는 지금과 약간 다른 궤도를 돌고 있었을 것이다. 과거의 위치를 거슬러 계산해보니, 어느 특정한 해에 이 유성군이 천왕성 가까이를 지나갔음이 드러났고, 이 행성의 섭동으로 인해 그 궤도가 완전히 바뀌었음이 밝혀졌다.

원래 이 유성군은 다른 많은 혜성들처럼 태양을 향해 포물선 궤도로 날아오던 혜성이었을 가능성이 매우 크다. 그런데 이 혜성이 천왕성과 조우하면서 마치 산산이 찢기듯 궤도가 바뀌었고, 타원 궤도로 변형되었다. 이제 이 혜성은 더 이상 자유롭게 도망쳐 우주의 깊숙한 곳으로 사라질 수 없게 되었다. 태양계에 사로잡혀 그 일부가 된 것이다. 동시에 더 이상 혜성이 아니게 되었다. 유성들의 무리로 격하된 것이다.

이 장대한 유성군의 과거 역사는 바로 이와 같았던 것으로 믿고 있다. 태양계에 편입된 이후 지금까지 이 유성군은 52번의 공전을 마쳤으며, 다음 귀환은 1899년 11월로 예정되어 있다. 1866년에 그랬던 것처럼, 이번에도 영국의 해질 무렵, 자정 이후 구름 한 점 없는 하늘에서 그 장관을 볼 수 있기를 기대한다.

제8장

조수에 대하여

．
．
．

머지(Mersey) 강의 부두를 자주 이용하는 사람이라면 두 가지 뚜렷한 현상을 쉽게 알아차릴 수 있다. 하나는, 부두로 이어지는 경사로가 어떤 때는 거의 수평에 가깝고, 또 어떤 때는 매우 가파르다는 점이다. 다른 하나는, 물이 부두 옆을 종종 매우 빠르게 지나가는데, 때로는 남쪽의 가스틴 방향으로, 때로는 북쪽 바다 쪽으로 흐른다는 점이다.

즉, 물이 두 가지 주기적인 운동—하나는 위아래로, 다른 하나는 앞뒤로—즉 수직 운동과 수평 운동을 하고 있음을 관찰하게 되는 것이다. 조금만 더 관심을 기울이면, 물이 위아래로 혹은 앞뒤로 완전히 한 번 흔들리는 데 약 12시간 반이 걸린다는 점도 알 수 있다. 또한, 만조와 간조 직후에는 물의 흐름이 없어서 정지해 있지만, 만조와 간조의 중간쯤이 되면 강을 위나 아래로 최대 속도로 흘러간다는 사실도 관찰할 수 있다.

물의 이 두 가지 운동을 모두 '조수(潮水, tide)'라고 부르며, 둘 다 매우 중요하다. 뱃사람들은 보통 수평 운동에 가장 큰 관심을 기울이고, 해도에는 조류가 빠른 지점들이 표시되어 있다. 또한 물의 수평 흐름이 거의 없는 곳에는 '여기에서는 조류가 매우 약함'이라는 식의 표기가 되어 있다.

한편 육지에서 생활하는 사람들, 적어도 이 문제에 어느 정도 철학적 관심을 갖는 이들은 물의 수직 운동 ― 즉 물이 얼마나 오르고 내리는가 ― 에 더 주목한다.

런던의 일부 저지대에 사는 사람들은 템스 강의 이례적으로 높은 밀물에 주의를 기울이지 않을 수 없다. 강이 둑을 넘쳐 지하층을 침수시키기 쉽기 때문이다.

그러나 항해자들 역시 항구에 가까워질수록 그곳의 만조 시각과 수위에 크게 영향을 받으며, 특히 대형 선박일수록 그 영향은 더욱 크다. 대서양을 건너는 정기 여객선들이 항해 자체는 훌륭한 속도로 마쳤음에도, 충분한 수심이 생겨 배를 모래톱 위로 띄울 수 있을 때까지 몇 시간이나 주변을 맴돌며 기다려야 하는 일이 얼마나 잦은지 우리는 잘 알고 있다. 그 모래톱은 리버풀 항에 자리 잡은 상설 장애물이라고 할 만한 존재다.

리버풀에서 조수는 지극히 중요하다. 도시의 존재 자체가 조수에 달려 있다고 해도 과언이 아니다. 조수가 없다면 리버풀은 항구가 될 수 없기 때문이다. 이미 익히 잘 알고 있겠지만, 이 문제는 결코 침묵하고 넘어갈 수 없는 사안이다. 따라서 머지강과 디(Dee)강의 하구에 대한 국토측량국의 지도를 소개하려고

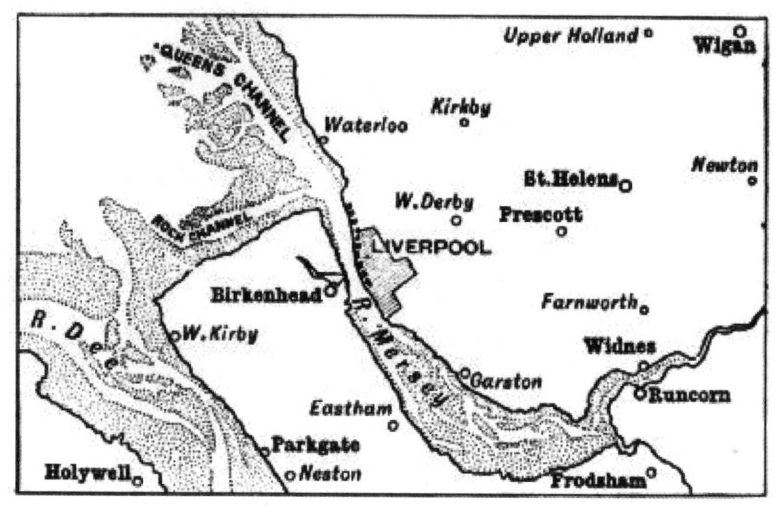

그림 29 머지 강

한다.

먼저, 북웨일스에서 사우스포트까지 이 해안 전역에 걸쳐 모래톱이 쌓이는 경향이 강하다는 것을 알 수 있다. 다음으로, 입구가 넓은 디 강에서는 모래 퇴적이 이루어져 체스터의 항구가 사실상 매몰되어 버린 반면, 리버풀의 항구는 독특한 형태의 수로에서 일어나는 세차게 씻어내는 조수의 작용 덕분에 열려 있는 것을 볼 수 있다.

조수가 없다면 머지 강은 워링턴에서의 흐름보다도 조금 나은 수준의 초라한 물줄기에 불과했을 것이다. 그러나 조수가 있기 때문에 이 훌륭한 수역은 유지되고, 충분히 깊은 항로가 형성되어, 그레이트 이스턴과 같은 거대한 배도 어떤 수위에서든 무리 없이 떠 있을 수 있었다.

이 수역은 좁은 목을 통해 열두 시간마다 물로 채워진다. 만조 때 이 분지에 저장되는 물의 양은 6억 톤 정도로 추산된다. 이 모든 물이 6시간 동안 그 좁은 목을 통해 흘러들어오고, 다음 6시간 동안 다시 흘러나가면서 진흙과 모래를 강력하게 씻어내어 먼 바다까지 운반한다.

현재는 조류가 강하게 작용하는 구간이 강의 버켄헤드 쪽이어서, 불행하게도 플러킹턴 모래톱이 리버풀 부두 앞쪽에 생겨나고 있다. 만약 이런 경향이 심해져 도크의 입구가 점점 더 메워지는 일이 생긴다면, 강 반대편, 즉 트랜미어와 록페리 사이의 땅을 매립하고 제방을 세워 물길을 리버풀 쪽으로 유도함으로써, 보다 공정한 비율의 유속을 확보할 수 있을 것이다.

뉴브라이턴을 지나면 물은 다시 왼쪽으로 퍼지기 시작하고, 전진 속도는 감소한다. 이렇게 몇 마일 흐르면 바(Bar)로 알려진 그 모래톱을 깎아낼 힘을 잃는다. 만약 이 모래톱을 더 깊은 바다 쪽으로 밀어내도록 물의 힘을 더 강하게 만들 필요가 있다면, 퀸스 채널(Queen's Channel)의 서쪽에 거친 형태의 유도제방(예컨대 오래된 폐선들로 만든 제거 가능한 부분 장벽)을 설치해 물이 쓸모없는 넓은 지역으로 퍼지는 것을 막아 추가적인 추진력을 보존하도록 하는 방법이 있다. 이 방법은 여전히 소형 선박이 편하게 빠져나가는 데 사용되는 기존의 유용한 록 채널을 막지 않으면서도 충분한 효과를 낼 가능성이 있다.

이제, 조수의 수평 흐름이 항구로서 우리의 존재에 필수적이라고 해서, 그에 수반되는 수면의 상승과 하강이 전적으로 축복이라고는 할 수 없다. 바로 이 현상 때문에 높은 수위를 저장해 두기 위한 값비싼 도크와 수문 시설이 필요한 것이다.

퀘벡과 뉴욕은 매우 큰 강을 끼고 있어, 조수의 도움이 없어도 항로를 유지하는 데 필요한 유속이 자연적으로 공급된다. 퀘벡은 바다에서 거의 1,000마일이나 떨어져 있음에도 그렇다. 그래서 대서양 횡단 여객선들은 강 한가운데에서 정박해 연락선을 이용해 승객을 내리는 것이 아니라, 강가에 늘어선 부두 옆까지 곧장 접근한다. 뉴욕의 경우에는 아예 선박 회사가 소유한 '포켓' 형태의 부두 공간으로 파고들어가, 별다른 번거로움 없이 승객과 화물을 하역하며, 도크나 수문도 필요 없다.

이제 물의 수평적 돌진과 수직적 상승 사이에 존재하는 관계를 살펴보며, 어느 쪽이 원인이고 어느 쪽이 결과인지 질문해보자. 바다의 상승이 조류의 흐름을 일으키는가, 아니면 조류의 흐름이 바다의 상승을 일으키는가? 그 답은 두 가지로 되어 있다. 어느 정도 두 가지 진술 모두가 참이라는 것이다. 조수의 근본적인 원인은 분명 바다의 수직적 상승, 즉 달의 인력에 의해 생기는 조석파, 혹은 물결 모양의 융기이다. 이 융기가 바다와 이어진 여러 해협을 지나갈 때, 물의 수면을 끌어올리며 그 안으로 물이 흘러들어가게 한다.

하지만 모든 조수의 원인이 되는 이 단순한 해양 조수 자체는 그리 큰 현상이 아니다. 보통 6~7피트를 넘지 않으며, 대양 한가운데 섬의 조수는 이 정도이거나 더 작다. 그런데 왜 우리 해안의 조수는 훨씬 더 클까? 어떤 곳에서는 20~30피트, 때로는 50피트까지도 치솟는다.

그 이유는 물의 수평적 이동이 강한 추진력, 즉 운동량을 가진 채 진행되기 때문이다. 이 운동량은 처음에 작용한 힘의 효과를 훨씬 넘어서는 움직임을 만들어낸다. 이는 진자에 밀어 준 힘이 작용한 범위보다 훨씬 큰 호를 그리며 진동하게 되는 것과 같다.

잉글랜드 해협이니 브리스틀 해협, 혹은 세인트 조지 해협으로 밀려드는 물은 엄청난 운동량을 지니고 있어, 그 에너지가 소진되어 다시 내려오기 시작하기 전까지 스스로를 20~30피트 높이까지 밀어 올린다. 브리스틀 해협에서는 입구가 점차 좁아지는 지형이 이 작용을 더욱 크게 도와, 조수가 40피트까지, 때로는 50피트까지 상승하며, 이어 세번강을 따라 '보어(the bore)'라 불리는 급격하고 이례적인 물의 언덕 형태로 더욱 거세게 밀려 올라간다.

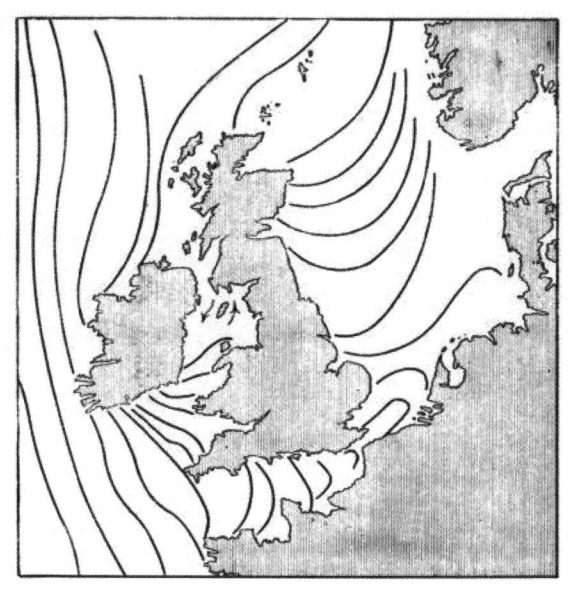

그림 30 조위선

어떤 지역은 수평 흐름은 거의 없으면서도 물의 높낮이가 크게 변하고, 또 어떤 지역은 상승과 하강은 거의 없지만 매우 강한 조류의 흐름을 보인다. 특정 지점에서 관찰되는 효과는 전적으로 그 지점이 거대한 분지로 이어지는 길목에 위치하는지, 아니면 종착점의 성격을 띠는지에 달려 있다.

그러므로 모든 조수는 달의 작용 아래 탁 트인 대양에서 시작된다는 사실을 이해해야 한다. 북해나 지중해 정도의 보통 크기의 바다는 그 안에서 뚜렷한 조수를 생성할 만큼 충분히 크지 않다. 태평양, 대서양, 남빙양이야말로 거대한 조수의 저장고이며, 지구의 조수는 이들 대양에서 폭은 거대하지만 높이는 몇 피트에 불과한 낮고 편평한 융기 형태로 생성되어 약 12시간의 주기로 상하로 출렁인다. 우리가 경험하는 조수, 그리고 해안을 가진 다른 나라들이 경험하는 조수는 바로 이 대양의 융기에서 넘쳐흐르거나 되밀려오는 파동이다.

이제 이 거대한 대서양 조수파가 하루 두 번 브리티시 제도에 도달하는 방식을 설명해보자.

그림 30은 대서양에서 동쪽으로 밀려오는 거대한 조수파의 윤곽선을 보여준다. 이 파도는 랜즈엔드(Land's End)와 아일랜드에 의해 세 갈래로 나뉜다. 첫 번째 갈래는 잉글랜드 해협을 서쳐 도버 해협으로 기세게 밀려들어간다. 두 번째 갈래는 아이리시 해를 따라 북상하며, 그 일부는 브리스틀 해협 쪽으로 뻗어나간다. 이어 앵글시(Anglesey)를 돌아 북웨일스 해안을 따라 흐르고, 리버풀 만과 머지 강을 채운다. 세 번째 갈래는 아일랜드 북쪽 해안을 따라 칸타이어 곶과 래슬린 섬)을 지나 흐른다. 그 일부는 클라이드 만을 채우고, 나머지는 남쪽으로 흘러 맨섬(Isle of Man) 서쪽을 감돌아 내려오며 남쪽에서 올라오는 조류와 합쳐 리버풀만을 채우는 데 힘을 보탠다.

거대한 조수파의 나머지는 스코틀랜드 해안에 부딪힌 뒤, 해안을 따라 휘돌아 올라가 노르웨이 해안까지 북해 전체를 채운 뒤, 덴마크 아래로 흘러 내려오며 더 일찍 도달한 남쪽 조류와 합류한다. 이 도표는 휘태커연감(Whitaker's Almanac)에 실린 정보를 바탕으로 내가 그린 대략적인 등조선(等潮線, cotidal lines) 지도이다.

이와 같이 어떤 장소는 서로 다른 두 수로를 통해 조수를 공급받을 수 있으며, 이 때문에 몇몇 지역에서는 흥미로운 현상들이 나타난다. 예를 들어, 한 수로가 다른 수로보다 여섯 시간이나 더 길다면, 한쪽으로는 밀물이 도착하는 동시에 다른 쪽으로는 썰물이 도착하는 일이 생길 수 있다. 그 결과 두 조수가 서로 간섭하고 상쇄되어, 그곳에서는 거의 조수의 변화가 나타나지 않게 된다. 이러한 현상은 영국 제도보다는 세계의 다른 지역에서 더 뚜렷하게 관찰된다. 일반적으로 길이가 서로 다른 두 수로를 통해 조수가 도달하는 곳에서는 조수의 양상이 특이하게 나타나며, 대체로 그 높이도 크지 않은 경우가 많다.

조수의 변화가 작아지는 또 다른 이유는 해협이나 만과 같은 수로에서 파도가 앞뒤로 출렁이는 방식 때문이다. 예를 들어, 영국 해협을 밀려 올라오는 해일은 도버 해협의 좁아진 부분에 부딪히며 상당 부분 반사된다. 마치 긴 통이나 기울어진 욕조에서 파도가 부딪혀 되돌아오는 모습을 볼 수 있는 것과 같다. 이 반사된 파도마루가 다시 되밀려 내려오면서 원래의 파도와 겹치게 되고, 그 결과 사우샘프턴에서는 짧은 간격으로 고조가 두

194

번 연이어 나타난다. 그래서 약 세 시간 동안은 만조 수위가 거의 변화하지 않는데, 이는 항만 운영에 분명히 유리한 점이다.

해협의 길이 중간쯤, 이른바 마디선에 놓인 지점들은 수위의 상승과 하강이 거의 나타나지 않는다. 그러나 이런 지점에서도 물은 먼저 도버 방향으로 세차게 흘러가고, 그곳에서 수위가 크게 올라간 뒤 다시 바다 쪽으로 되돌아온다. 예를 들어 포틀랜드에서는 전체적인 조수 변화가 매우 작다. 그곳이 사실상 하나의 마디에 해당하기 때문이다. 야머스 역시 북해에서 정지파가 앞뒤로 흔들리는 덜 뚜렷한 마디 부근에 있으며, 그 결과 야머스의 조수 변화는 약 5피트(4.5~6피트 범위)에 불과하다. 반면 런던에서는 20~30피트, 플램버러 헤드나 리스에서는 12~16피트에 이른다.

일반적으로 물은 결코 위쪽으로 흐르지 않는다고들 생각하지만, 이런 왕복 운동의 경우에는 세 시간 동안이나 물이 위로 흐른다. 도버 쪽의 수위가 가장 높아진 뒤에도 물은 계속해서 도버 방향으로 영국 해협을 따라 거세게 흘러 올라간다.

물은 자신의 운동량이 압력에 의해 멈출 때까지 계속 쌓여 올라가고, 그 뒤에야 다시 되돌아 흐른다. 실제로는 진자의 추와 매우 비슷하게 움직여, 반 주기마다 매번 중력을 거슬러 상승하는 셈이다.

아주 큰 조수가 생기려면, 그 지점이 넓은 바다로 곧장 이어 지는 긴 수로를 통해 직접 접근할 수 있어야 하며, 입구가 점차 좁아지는 지형이라면 밀물과 썰물의 차이는 엄청나게 커질 수 있다. 영국 제도에서 가장 좋은 예는 세번 강이며, 세계에서 가 장 큰 조수는 북아메리카 연안의 펀디만(Bay of Fundy)에서 나 타나는데, 때때로 수위가 120피트까지 상승한다고 한다. 또한 해안을 향해 물을 몰아치는 강한 바람의 추진력이나, 기압의 국 지적 감소(즉, 저기압)에 의해서도 어느 지역에서든 일시적으로 과도하게 큰 조수가 발생할 수 있다.

자, 이제 이러한 조수의 지형적 세부 사항을 떠나, 거대한 해 양 융기(면적은 크지만 높이는 작은 융기)에 의해 조수가 생긴 다는 사실을 확인했으니, 이제는 그 융기가 무엇 때문에 생기는 지, 그리고 그것이 달 때문이라면 달이 어떻게 그런 일을 하는 지를 알아보도록 하자.

달이 조수를 일으킨다는 말은 처음 들으면 다소 우스꽝스럽 고, 단지 민간의 속설처럼 들린다. 갈릴레이도 케플러가 이를 믿는다고 놀렸던 바 있다. 달과 조수 사이의 연관성을 처음 발 견한 사람이 누구인지는 알 수 없다. 아마도 관찰력이 뛰어난 선원이나 해안 거주자들이 여러 번 재발견해 온 지식일 것이며, 분명 매우 오래된 정보임에 틀림없다.

아마도 가장 먼저 관찰된 연관성은 보름과 그믐 무렵에 조수가 유난히 높아진다는 사실이었을 것이다. 이때의 조수는 대조(大潮, spring tides)라고 불리며, 반달 무렵에는 조수의 높이가 훨씬 낮아져 소조(小潮, neap tides)라고 불린다. 여기서 spring이라는 말은 계절로서의 봄과는 아무런 관련이 없다. 다만 두 단어 모두 강하게 솟구치거나 치솟는다는 동일한 관념을 담고 있는 것으로 보일 뿐이다. 반면 neap이라는 말은 nip에서 온 것으로, 움츠러든, 빈약한, 잘린 듯한 조수를 뜻한다.

다음으로 관찰되었을 법한 연관성은, 하루 동안 일어나는 두 번의 조수 사이의 간격이 태양일 24시간과 정확히 일치하지 않고, 약 50분 더 긴 '달의 하루(lunar day)'와 일치한다는 점이다. 달이 한 달 동안 하늘을 움직이면서 매일 약 50분씩 태양보다 뒤처지기 때문에 조수 역시 그만큼 늦어지며, 그래서 조수는 매일 약 50분씩 늦게 일어난다. 그 결과 평균적으로 조수와 조수 사이의 간격은 약 12시간 25분이 된다.

세 번째이자 더욱 두드러진 연관성도 고대의 위대한 항해자들과 철학자들에 의해 발견되었다. 곧, 보름날에 어떤 장소에서의 만조 시각은 언제나 같거나 거의 같다는 사실이다. 다시 말해, 대조는 한 장소에서는 늘 거의 같은 시각에 일어난다. 예컨대 리버풀에서는 그 시각이 정오와 자정이다. 런던에서는 이보다 약 두 시간 반 늦다. 각 항구는 특정한 조수를 맞이하는 고유한 시각을 가지고 있으며, 이 시각을 그 항구의 '설정시(設定時,

establishment)'라고 부른다.

달이 보름인 날을 골라 살펴보면, 리버풀의 만조는 오후 열한 시 반 무렵, 또는 그에 아주 가까운 시각에 일어나는 것을 확인할 수 있다. 이는 달이 그믐일 때도 마찬가지다. 보름이나 그믐이 지난 다음 날에는 대조가 가장 높이 일어나며, 이러한 매우 높은 조수는 계절과 관계없이 리버풀에서는 언제나 정오와 자정에 나타난다. 춘분과 추분 무렵에는 유난히 높아지기도 한다. 따라서 이곳에서 가장 낮은 간조는 오전 여섯 시와 오후 여섯 시에 일어나며, 오후 여섯 시의 간조는 강을 오가는 증기선들에게는 골칫거리가 된다. 런던의 대조는 대략 오후 두 시 반 무렵에 가장 높다.

따라서 조수가 달과 깊이 관련되어 있다는 점은 분명하다. 실제로 조수의 원인은 전적으로 달과 태양 두 천체에 있으며, 이들이 중력에 의해 작용하는 방식은 아이작 뉴턴 경에 의해 처음으로 매우 충실한 세부까지 밝혀지고 설명되었다. 그의 조수 이론은 〈프린키피아〉 제2권과 제3권에서 찾아볼 수 있다. 이 불후의 저작에서 조수에 관한 논의는 몇 쪽에 불과하지만, 뉴턴은 내가 설명한 것과 비슷한 방식으로 지역적 조수의 특성들을 해명했을 뿐만 아니라, 대양 한가운데서 나타나는 태양 조수의 대략적인 높이까지 계산해 냈다. 더 나아가 관측된 달 조수로부터, 당시에는 전혀 알려져 있지 않았던 달의 질량을 어떻게 구

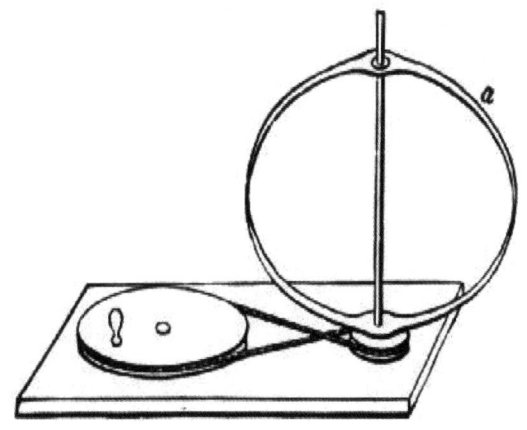

그림 31 회전하는 지구 모델

할 수 있는지도 보여주었다. 이는 실로 경이적인 성과로서, 비슷한 논의에 익숙하지 않은 사람에게는 그 난이도를 온전히 헤아리기조차 쉽지 않다. 물론 이것은 뉴턴이 이룬 업적 가운데 극히 일부에 지나지 않지만, 이 성과 하나만으로도 보통의 철학자라면 불멸의 명성을 얻기에 충분했을 것이다.

　뉴턴의 조수 이론을 이해할 수 있도록 지나친 세부 사항에는 들어가지 않고 핵심만 살펴보기로 하자. 첫째, 모든 물질 덩어리는 다른 모든 물질을 끌어당긴다. 둘째, 달은 지구 둘레를 돈다. 보다 정확히 말하면, 지구와 달은 한 달에 한 번 공통된 질량 중심을 중심으로 함께 회전한다. 셋째, 지구는 스스로의 축을 따라 하루에 한 번 돈다. 넷째, 어떤 물체가 원을 그리며 회전하면 중심에서 벗어나 바깥쪽으로 날아가려는 경향이 생기며, 이를 붙잡아 두기 위해 힘이 필요하다. 이 네 가지가 조수에 관련된 기본 원리들이다.

물통에 물을 채워 수직으로 빙글빙글 돌려도 물이 쏟아지지 않는다는 것을 떠올려 보라. 탄성 있는 공 모양의 물체를 회전시키면 적도 부분이 불룩해져 타원형, 즉 오렌지 모양이 되는데, 실제로 지구도 이렇게 된다. 뉴턴은 이 적도 부분의 불룩함이 지구 둘레를 따라 약 14마일이라는 계산을 했다. 탄성 있는 공 모양의 물체를 그 자체 외부의 어떤 중심 주위를 돌게 하면, 이번에는 길쭉한 레몬 모양으로 잡아당겨지는데, 가장 단순한 실험은 물이 가득 찬 탄성 있는 공이나 공 모양의 주머니에 끈을 매달고 계속 회전시키는 것이다. 그러면 이렇게 길게 늘어나는 모습이 쉽게 관찰된다.

이제 지구와 달이 서로를 중심으로 회전하는 모습을 생각해 보자. 마치 어른이 아이의 손을 잡고 빙글빙글 돌리는 것과 같다. 아이가 더 큰 원을 그리며 돌지만, 어른 역시 가만히 서서 제자리에서 도는 것이 아니라 몸을 뒤로 기울이며 작은 원을 그린다. 지구도 바로 이렇게 움직인다. 지구는 달과 함께 두 천체의 공통 질량 중심을 중심으로 회전한다.

이것은 조수를 이해하는 데 결정적으로 중요하다. 지구의 중심은 가만히 정지해 있는 것이 아니라, 달에 의해 끌려서 달이 그리는 궤도의 약 1/80 크기 되는 작은 원을 계속 돌고 있다. 이는 지구의 질량이 달보다 약 80배 크기 때문이다.

이러한 공전의 결과, 두 천체 모두 서로를 잇는 선의 방향으로 약간씩 불룩해진다. 이를 '장축으로 늘어난(prolate)' 상태, 즉 레몬 모양이라고 한다. 다시 어른과 아이의 비유로 돌아가 보면, 아이는 원심력 때문에 다리가 바깥쪽으로 뻗어 더욱 길게 늘어난 모양이 되고, 어른 역시 코트자락이 뒤로 날리듯 같은 방향으로 조금 더 늘어난다.

지구와 달에서 이렇게 서로를 향한 방향으로 생기는 미세한 돌출부, 바로 이것이 조수(밀물과 썰물)의 본래 형태이다.

그림 32는 이 작용의 메커니즘을 설명하기 위한 모형을 보여준다. 지구와 달을 나타내기 위해 두 개의 종이판을 사용했는데, 하나는 다른 하나의 지름보다 네 배 크게 만들고, 각각의 무

그림 32 지구와 달 모델
전체가 점 G를 중심으로 회전할 때 정적 또는 '평형' 조석이 발생하는 것을 보여준다.

게 비도 실제 지구와 달의 질량비와 비슷하게 맞추었다. 이 두 판은 긴 막대의 양쪽 끝에 고정되어 있으며, 전체는 두 천체의 공통 질량 중심에 해당하는 한 점에서 균형을 이룬다. 편의를 위해 이 균형점은 실제보다 약간 바깥, 즉 지구 표면을 조금 벗어난 곳에 두었다. 균형점 G를 관통하도록 송곳을 꽂아 주축으로 삼으면, 전체가 그 축을 중심으로 쉽게 회전할 수 있다.

이 원판 뒤에는 네 개의 적절한 모양의 종잇조각이 달려 있어 힘을 받으면 바깥으로 미끄러져 나오도록 되어 있다. 그림에서는 점선으로 표시되어 있으며 A, B, C, D라는 이름이 붙어 있다. 안쪽의 두 조각 B와 C는 실로 서로 연결되어 있는데, 이 실이 중력의 끌어당김을 나타낸다. 바깥쪽의 A와 D는 아무것에도 연결되어 있지 않으며, 막대 길이에 평행한 홈 속에서 마찰을 받으며 일정 범위 움직일 수 있다. 달을 나타내는 판도 홈이 있어 막대를 따라 아주 조금 움직일 수 있도록 되어 있다.

이 모양대로 장치하고, 돌출된 종잇조각들을 모두 밀어 넣어 각각의 원판 뒤에 감추어 놓은 뒤, 전체를 G점을 중심으로 재빨리 회전시키면 어떤 일이 벌어질까? 잠깐만 돌려도 A와 D는 원심력 때문에 바깥으로 튀어나오며 그림처럼 모습을 드러낸다. 동시에 달 판도 홈에서 바깥쪽으로 밀려나며 실을 팽팽하게 당기게 되고, 그 실에 의해 B와 C도 함께 바깥으로 끌려나온다. 이렇게 해서 지구에 두 개, 달에 두 개, 모두 네 개의 '만조(고조)'가 만들어진다. A와 D는 원심력 때문에, B와 C는 중력의 끌어당김 때문에 생겨난 것이다.

결국 두 원판 모두 탄성체처럼 길게 늘어난, 이른바 장축 방향으로 늘어난 모양을 띠게 된다. 물론 실제 지구에서는 고체 지각보다 바다의 유동하는 물이 이러한 형태를 훨씬 쉽게 취할 수 있으므로, 여기에서 설명한 바로 그 '해양의 봉우리' — 약 3 피트 정도 높이의 — 가 만들어지는 것이다(그림 33). 달에 바다가 있다면 그 봉우리는 훨씬 더 컸을 것이지만, 아마 달에는 바다가 없을 것이다. 그리고 어쨌든 지금은 지구의 조수가 우리에게 더 중요한 문제다.

지금까지 다룬 조수의 봉우리들은 항상 지구와 달을 잇는 선위에 돌출해 있으며, 정지한 상태로 존재한다. 하지만 이제 우리는 그 봉우리 내부에서 지구가 스스로 회전하고 있다는 사실을 기억해야 한다.

지구 전체가 균일한 바다로 뒤덮여 있다고 가정하더라도, 이 회전이 봉우리들에 정확히 어떤 영향을 미칠지는 직관적으로 이해하기 쉽지 않다. 그러나 한 가지는 분명하다. 봉우리들이 어느 정도 위치에서 밀려나기는 해도, 지구의 자전에 따라 이리저리 끌려 돌아갈 수는 없다는 점이다. 지금까지 설명해 온 봉우리 형성의 원리를 보면, 봉우리들은 달에 대해 일정한 방향을 유지해야 한다. 다시 말해, 지구가 회전하더라도 봉우리의 위치

(형태)는 달에 대해 정지해 있어야 한다.

물론 그 위치에 '똑같은 물'이 계속 머무르는 것은 아니다. 만약 그렇다면 적도 부근에서는 매시간 1,000마일에 이르는 속도로 물이 지구 둘레를 끌려 움직여야 한다. 그러한 일이 일어날 수는 없다. 정지해 있는 것은 물덩어리 자체가 아니라 봉우리, 즉 파도의 마루에 해당하는 '형태'이다. 이 봉우리는 순수한 파동, 즉 '형상만 이동하는' 파동이며, 그 자리를 메우는 개별 물 입자들은 계속 바뀐다. 이는 부서지는 파도를 제외한 모든 파동에 공통된 성질이다.

그렇다면, 이렇게 달을 향해 정지해 있는 두 개의 봉우리(조수 융기)가 있고, 그 안에서 지구가 자전하고 있다고 하자. 그러면 지구 위의 한 지점은 지구가 돌면서 계속 이 봉우리와 골을 지나가게 된다. 한 지점은 먼저 봉우리를 지나고, 6시간 뒤에는 골을 지나며, 다시 6시간 뒤에는 지구 반대편의 봉우리를 지난다. 이런 식으로 계속된다.

즉, 우리는 약 여섯 시간마다 물이 높이 쌓여 있는 공간 영역에서 낮은 곳의 영역으로 이동하게 되고, 우리의 입장에서 보면 바다가 먼저 상승하고 나중에 하강한다고 말하게 된다. 실제로도 그 지점에서는 그렇게 보인다. 이렇게 하루 동안 두 번의 밀물과 썰물이 일어나는 가장 단순한 이유가 설명된다.

여기서 더 정확한 설명으로 나아가려 하면 문제가 곧 복잡해진다. 물의 관성, 물 자체가 지닌 고유 진동 주기, 달의 황도면에 대한 기울기 변화, 달과 지구 사이의 거리 변화, 거기에 태양이 일으키는 섭동까지 고려해야 한다.

이러한 요소들을 모두 포함하면 문제는 보통 사람에게는 감당할 수 없을 정도로 난해해진다. 이 수많은 어려움 가운데 상당수는 라플라스가 성공적으로 해결했다. 그러나 여전히 남은 문제들도 있었고, 그것들은 윌리엄 톰슨이나 조지 다윈 같은 현대의 학자들이 다루게 되었다.

물의 관성, 즉 운동량을 고려하면 가장 먼저 나타나는 효과는 '달이 머리 위에 있을 때가 곧바로 만조'라는 단순하고 직관적인 관계가 깨진다는 점이다. 관성은 언제나 어떤 효과가 그 원인이 되는 힘보다 4분의 1 주기만큼 늦어지도록 만드는 성질을 갖는다. 이는 흔들리는 추의 운동을 생각해 보면 쉽게 이해된다.

따라서 조수 상승을 일으키는 힘이 최대가 되는 순간에 만조가 일어나는 것이 아니라 여섯 시간 후에 만조가 나타나는 것이 자연스럽다. 다시 말해, 관성만을 고려하고 마찰을 무시하면, 달이 머리 위에 있을 때는 오히려 간조가 발생하게 된다.

하지만 여기에 마찰을 포함하면, 실제 상태는 이 단순한 관성 모델보다 훨씬 평형 상태에 가까운 모습을 보이게 된다. 마찰이 충분히 크다면 물의 운동은 원인을 거의 그대로 따라가는 운동에 가까워진다.

초기의 단순한 논의로 돌아가 보자. 지구는 조수의 융기(봉우리)들에 대해 자전하고 있지만, 이 봉우리들은 가만히 있는 것이 아니다. 달을 따라 아주 느린 속도로 지구 둘레를 한 달에 한 바퀴 도는 방향으로 이동한다. 지구도 같은 방향으로 자전하므로, 지구 위의 한 지점은 봉우리를 '따라잡아야' 한다.

그 결과, 매일의 만조는 점점 늦게 도착한다. 대략 하루에 한 번씩 약 한 시간 정도 늦어지는 셈이다. 물론 실제 지연 시간은 일정하지 않다. 여러 가지 복잡한 섭동과 요인들이 중첩되어 있기 때문이다. 그러나 평균적으로 보면 약 50분씩 늦어지는 것으로 관찰된다.

이제 전체 결과를 정리해 보면, 지구 표면 전체를 하루에 한 바퀴 정도 도는 두 개의 조수 융기(봉우리)가 존재한다는 것을 알 수 있다. 지구가 만약 전부 바다로 덮여 있다면 — 그리고 실제로 남반구는 거의 그런 모습이지만 — 이 두 봉우리는 지구를 가로질러 계속 이동하며 약 3피트 높이의 중해조수(mid-ocean tide)를 형성했을 것이다.

그러나 북반구에서는 이 봉우리들이 멀리 이동하기도 전에 육지에 부딪힌다. 예를 들어, 달이 대서양의 동쪽 해안 지방에서 떠오를 때 그곳의 해수는 점점 그 방향으로 끌려오고, 즉 밀물이 시작된다. 이 상승은 달이 머리 위에 왔을 때, 그리고 그 이후 일정 시간 동안 계속되어 그때가 가장 높은 만조가 된다.

그 다음 조수 융기는 달의 겉보기 이동을 따라 대서양을 건너 아메리카 대륙 쪽으로 이동한다. 그러면 이 융기는 미국 쪽 해안에 몰려들어 수많은 만(灣)과 해협을 따라 급히 밀려 올라가며, 그곳에서의 '육지 조수(land tide)'를 형성한다. 이때에는 동쪽 해안에서는 물이 끌려 나가므로 조위가 가장 낮아진다.

이 과정은 약 12시간 조금 넘는 주기로 다시 반복된다. 달이 지구 아래쪽을 지나갈 때, 즉 반대쪽 융기가 대서양을 지나갈 때 또 한 번의 조수가 일어나는 것이다. 이처럼 조수는 지구가 자전하는 한, 매일 두 차례 반복된다.

자유로운 남반구의 대양에서는, 육지의 방해가 거의 없기 때문에 물이 운동량을 축적하여 상당한 규모의 흔들림을 일으킨다. 이 때문에 남반구의 넓은 해양에서는 중해조수가 한층 강화되고 형태도 달라진다. 또한 어떤 이유에서인지 — 아마도 물이 가진 고유 진동 주기 때문이라고 생각되지만 — 두 개의 조수 융기 중 하나는 유난히 크고 다른 하나는 작게 나타나는 경향이 있다. 그 결과 인도양을 비롯한 남반구 여러 바다에서는 24시간에 한 번만 큰 만조가 일어나곤 한다. 남반구의 이러한 조수는 우리가 영국 주변에서 경험하는 조수보다 훨씬 복잡하다. 우리의 조수는 비교적 단순한 편이다.

남반구 대양의 영향이 어느 정도 북대서양까지 전해지긴 하겠지만, 경도 90도 이상을 차지하는 대양이라면 자체적으로 조

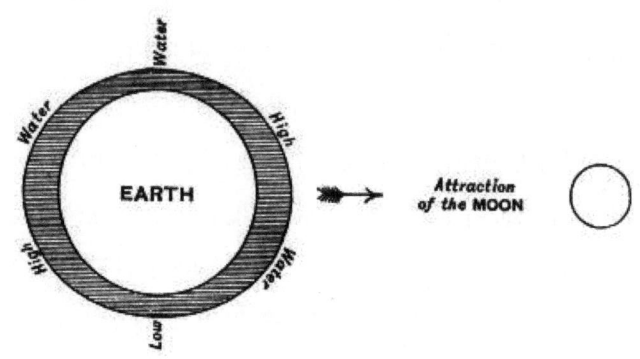

그림 33 **지구와 달**(지구의 자전은 무시했다).

수를 만들어낼 수 있을 정도로 충분히 크다. 그리고 내가 보기에 우리가 느끼는 주요 조수는 이런 식으로 바로 그 자리에서 생성된 것일 가능성이 높다. 또한 감쇠 작용이 강하고 조수가 축적되는 효과가 크지 않기 때문에, 우리는 조수를 일으키는 힘의 작용을 더 직접적으로 경험하고 있는 셈이다.

보다 권위 있는 조수 해설을 알고자 한다면, 물론 다른 전문 서적을 읽는 것이 바람직할 것이다.

지금까지, 초보적으로 조수를 설명할 때 지구가 자전하지 않는다고 가정한 상태에서 조수를 생성하는 힘들을 먼저 살펴보는 것이 가장 좋다고 생각해 왔고, 지금도 그렇게 생각한다. 그림 33과 35에 실제로 나타나 있는 것은 조수 그 자체가 아니라

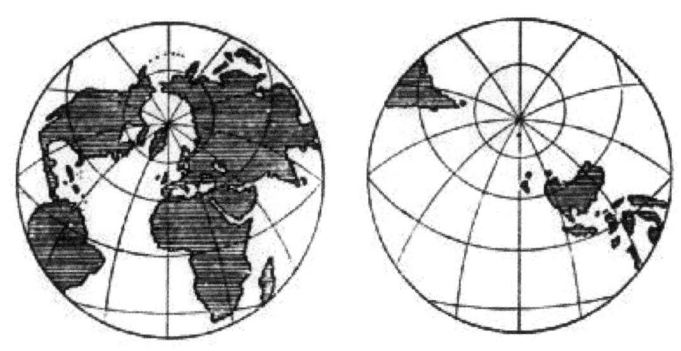

그림 34 남반구 해역이 육지 장애물로부터 상대적으로 자유로움을 보여주는 지도들

조수를 일으키는 힘이다. 그 다음에 지구의 자전을 교란 요인으로 도입하는 방식이다.

보다 완전한 선새 빙식이라면, 먼저 자전하는 지구에서 출발해 여기에 달의 인력을 교란 요인으로 겹쳐 놓는 것이며, 이때 바다는 일종의 지구의 위성처럼 취급되고 문제는 행성 섭동론의 한 유형으로 다뤄지게 된다. 이 접근은 관성은 도입하지만 마찰과 육지의 방해는 무시하며, 그 결과 달의 인력이 작용하는 선상에서는 오히려 간조가 되고, 달의 인력이 0이 되는 직각 방향에서 만조가 되는 것으로 나타난다. 이는 진자(振子)가 가장 강한 아래쪽 인력을 받을 때 가장 높이 올라가고, 힘이 0인 순간 가장 낮아지는 것과 같은 이치이다.

달이 지구를 흔드는 유일한 천체라면, 초보적인 설명은 여기

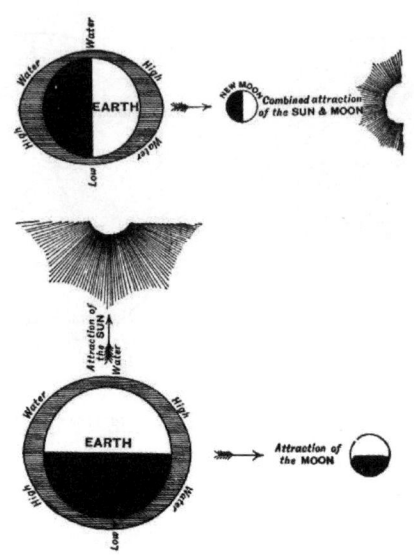

그림 35 사리와 조금

까지로 충분했을 것이다. 그러나 실제로는 그렇지 않다. 달이 지구를 한 달에 한 번 흔들어 준다면, 태양은 지구를 1년에 한 번 흔든다. 태양에 의한 흔들림의 궤도는 더 크지만, 그 속도가 훨씬 느리기 때문에 그로 인해 생기는 돌출부(조석 융기)는 달이 만드는 것의 3분의 1에 불과하다. 다시 말해, 중해에서의 단순한 태양 조석(solar tide) — 즉 운동량을 무시했을 때 — 은 1피트 남짓, 반면 단순한 달 조수(lunar tide)는 약 3피트이다.

따라서 이 둘이 서로 협력할 때는 4피트의 사리(spring tide)가 되고, 서로 반대 작용을 할 때는 2피트의 조금(neap tide)이 된다. 이 둘이 서로 협력하는 시기는 보름(만월)과 그믐(신월)이다. 반대로, 상현과 하현(half-moon)에는 서로를 약화시킨다. 그래서 우리는 2주마다 한 번 사리, 그리고 그 사이에 조금을 규칙적으로 겪게 되는 것이다.

그림 35는 이러한 기본적인 사실을 설명하기 위해 흔히 사용되는 도표이다. 달과 태양이 서로 직각 방향에서 작용할 때(즉 상현 · 하현의 반달일 때), 한쪽이 만드는 만조가 다른 쪽이 만드는 간조와 일치한다. 그래서 지구의 자전에 의해 한 장소가 회전하면서 지나갈 때, 그곳은 항상 태양에 의한 만조이거나 달에 의한 만조 가운데 하나만을 겪게 되고, 두 효과의 차이만을 경험하게 된다.

반면, 태양과 달이 같은 선상에서 작용할 때(즉 삭망, 곧 그믐과 보름일 때), 양쪽의 만조와 간조가 서로 일치하고, 한 장소는 두 효과가 더해진 결과를 그대로 느끼게 된다. 이때 조수는 평소보다 훨씬 높이 상승하고, 훨씬 깊이 낮아진다.

이러한 원리를 이용하면 아주 단순한 형태의 조수시계(tidal-clock), 즉 조수예측기를 만들 수 있다. 개방된 해안 관측소라면 실제 조수와 크게 벗어나지 않는 결과를 줄 것이다.

내가 다루려는 주제는 아직 절반도 끝나지 않았다. 조수(潮水) 에너지가 산업적 목적으로 이용될 수 있는지, 그리고 그 에너지가 어디에서 오는지 같은 문제들도 논할 수 있을 것이다.

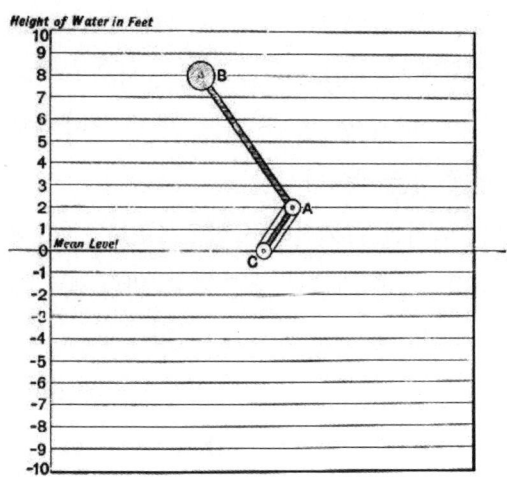

그림 36 조수 시계: 원반 B의 위치는 조수의 높이를 나타낸다. 표시된 조수는 평균 수위보다 8피트 높은 거의 만조 상태이다.

조수 에너지는 지구상의 에너지 가운데 거의 유일하게 태양에서 직접 혹은 간접적으로 오지 않는 에너지다. 오늘날 우리는 조수 에너지가 지구 자전에 소비되는 에너지에서 얻어진다는 사실을 알고 있으며, 따라서 지구의 하루 길이는 아주 조금씩, 그러나 확실하게 점점 길어지고 있다.

과거 시대의 조수는 달의 자전을 멈추게 만들었고, 그 결과 달은 항상 같은 면을 지구 쪽으로 향하게 되었다. 지질학적 시대를 돌이켜 보면, 달은 지금보다 지구에 훨씬 더 가까이 있었던 것으로 여겨진다. 따라서 그 시기의 지구 조수는 지금보다 훨씬 격렬했을 것이며, 조수의 높이는 20~30피트가 아니라 수백 피트에 이르렀을 것으로 추정된다. 그처럼 거대한 조수는 여섯 시간마다 육지를 완전히 덮어버리며, 언덕을 깎아내리고, 암석을 침식시키며, 엄청난 양의 퇴적물을 남겼을 것이다.

이처럼 과거 지질 시대에 거대한 조수가 존재했을 가능성을 밝혀냄으로써, 천문학은 불과 몇 년 사이에 지질학에 가장 강력한 침식 작용의 원인을 제공한 셈이 되었다. 그리고 지구의 과거를 연구하는 일은, 완전히 단단하지 않은 천체에서 오랜 기간 지속되는 조수 작용이 만들어내는 복잡하고 미세한 조건들을 현대 천문학이 밝힘에 따라, 앞으로 크게 영향을 받을 수밖에 없다.

지구 조수의 규모를 통해, 우리는 시구 내부가 유동체인지 여부에 관한 질문에도 답할 수 있다. 한때는 지구의 지각이 비교적 얇고, 그 아래에는 녹은 내부가 있다고 여겨졌다. 그러나 이제 우리는 그것이 사실이 아님을 알고 있다. 지구 내부는 확실히 뜨겁지만, 유체 상태는 아니다. 혹은 유체 부분이 있다 하더라도, 그 양은 단단한 지각의 두께에 비하면 극히 미미하다. 이러한 문제들을 비롯해, 조수라는 주제를 둘러싼 수많은 흥미로운 질문들이 존재한다. 뉴턴에서 시작된 조수의 이론적 연구는 줄곧 발전해 왔으며, 앞으로도 태양계의 안정성 또는 불안정성, 더 나아가 우주의 형성 및 소멸과 같은 문제들을 다루는, 거대

그림 37 지역의 조수를 기록하는 조위계: 부표에 의해 위아래 움직이는 연필이 태엽장치가 구동하는 드럼에 글자를 적는다.

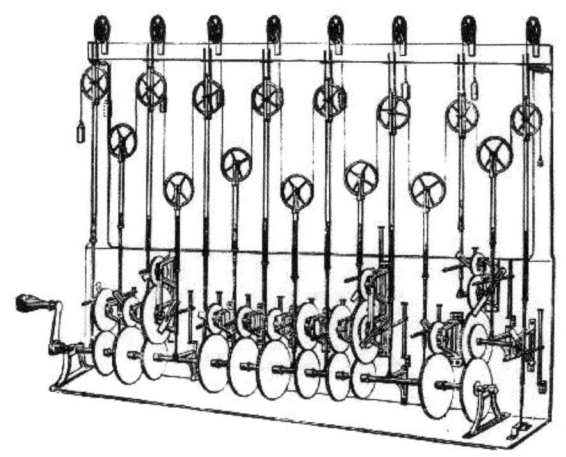

그림 38 조수 예측기: 확인된 구성 요소들을 결합하여 미래의 조수 곡선을 생성하기 위한 장치.

하고도 매혹적인 연구로 계속 발전할 운명에 놓여 있다.

이러한 이론들은 모두 지금도 생존해 있는 선구자들의 작업이므로, 그들의 일대기를 여기서 논하는 것은 적절하지 않다. 또한 나는 그들의 이름을 계속 언급하지도 않을 것이다. 그러나 헬름홀츠(Helmholtz)와 톰슨(Thomson)의 이름만큼은 누구나 알고 있으며, 그들과 그 제자들 중에서 개척자들의 전통적 영광이 여전히 이어지고 있음은 잘 알려져 있다.